XIBAO SHENGWUXUE YU
YIXUE YICHUANXUE SHIYAN

［第3版］

细胞生物学与医学遗传学实验

主编　陈　辉　贺　颖　封青川

郑州大学出版社
郑州

图书在版编目(CIP)数据

细胞生物学与医学遗传学实验/陈辉,贺颖,封青川主编.—3版.—郑州:
郑州大学出版社,2015.3(2017.2重印)
ISBN 978-7-5645-2188-2

Ⅰ.①细⋯　Ⅱ.①陈⋯②贺⋯③封⋯　Ⅲ.①细胞生物学-实验-医学
院校-教材②医学遗传学-实验-医学院校-教材　Ⅳ.①R329.2-33②R394-33

中国版本图书馆 CIP 数据核字 (2015)第 028650 号

郑州大学出版社出版发行　　　　　　　　　　
郑州市大学路 40 号　　　　　　　　　　邮政编码:450052
出版人:张功员　　　　　　　　　　　　发行电话:0371-66966070
全国新华书店经销
河南文华印务有限公司印制
开本:787 mm×1 092 mm　1/16
印张:12.75
字数:297 千字
版次:2015 年 3 月第 3 版　　　　　　　印次:2017 年 2 月第 5 次印刷

书号:ISBN 978-7-5645-2188-2　　　定价:28.00 元

作者名单

主　审　程晓丽

主　编　陈　辉　贺　颖　封青川

编　者　（以姓氏笔画为序）
　　　　刘　华　齐　华　李晓文
　　　　宋国英　陈　辉　郑　红
　　　　封青川　贺　颖　贾利云
　　　　程晓丽

21 世纪是生命科学的时代,在面向新世纪的医学教育中,细胞生物学与医学遗传学已成为推动医学分子水平发展的带头学科。为适应自然科学的发展及现代医学教育改革,根据医学细胞生物学与医学遗传学教学大纲的要求,以培养学生创造性思维,提高学生在实验课中发现问题、提出问题、解决问题的能力为目标,我们组织编写了《细胞生物学与医学遗传学实验》(第 3 版)。

《细胞生物学与医学遗传学实验》第 3 版在保持第 2 版基本框架的基础上进一步强调了"细胞生物学"作为核心课程的基础实验部分及作为"医学遗传学"延伸内容的临床部分内容,以加强学生的基础实验操作技能并增加学生学习的兴趣,使他们能够及时掌握学科发展动态,提高综合科研及创新能力。

《细胞生物学与医学遗传学实验》在内容编排上分为四个部分:医学细胞生物学实验、医学遗传学实验、综合性实验和研究性实验。

本书在编写过程中得到了院领导、教研室全体教师员工的大力支持,得到了郑州大学出版社的支持与帮助,另外,曹慧敏、范玉佳、孙燕、张玉超等在校研究生参与了部分文稿的整理工作,在此一并表示衷心的感谢。

鉴于作者的经验和写作能力有限,编写过程中难免出现不足之处,真诚希望使用本书的老师和同学提出批评和改进建议。

作者
2014 年 12 月

为了适应自然科学的发展及现代医学教育改革,根据"医学细胞生物学与医学遗传学教学"大纲的要求,按照当前学科发展特点和国家卫生部"十一五"期间对医疗卫生和教育系统科学发展要注重培养高素质复合型医药卫生人才的总体要求,编写组在总结老一代专家、教授和实验师丰富工作经验的基础上,广泛吸收国内外同类院校的先进教学理念,经过充分酝酿、讨论和准备,组织编写了《细胞生物学与医学遗传学实验》(第2版)。

本书在内容编排上分为四个部分:医学细胞生物学实验、医学遗传学实验、综合性实验和研究性实验。其中新增设的综合性和研究性实验将医学研究领域的新技术、新方法与本科实验教学有机结合起来,通过 RFLPs 技术在 FⅧ基因检测中的应用、PCR-SSCP 技术分析在 hMSH1 基因突变检测中的应用、荧光原位杂交技术在慢性粒细胞白血病检测中的应用及苯丙酮尿症的筛查、血管紧张素转换酶基因遗传多态性分析等新型实验教学内容,深入细致地分析、鉴定临床常见遗传学疾病,突出专业基础教育在医学整体教育中的重要性;通过银染技术对核仁形成区的分析、Southern 印记转移、流式细胞技术对实体瘤组织细胞周期和 DNA 倍体分析、细胞传代培养及增殖动力学监测及细胞的冻存与复苏等实验内容,激发学生产生参与科学研究的愿望与兴趣,以避免专业基础教学与科学研究脱节。

为了增强基础实验对培养学生动手能力的作用,本书将传统的细胞生物学与医学遗传学实验中的部分内容调整为小型开放性实验,要求学生根据现有条件和已知原理,自行设计并完成实验。为了提高学生对群体遗传学的学习兴趣、提高学生对人体遗传性状和遗传病的观察与分析能力以及学生对系谱的认知和分析能力,本书增添了基因频率与基因型频率的统计和计算,增补了人类部分体表性状、行为习惯及部分常见疾病的遗传机制等内容。为了开拓学生的视野、加强学生对专业基础英语的学习,本书还为 27 个实验精选了相关英文内容。另外,本书还着力开发图示实验内容,以期提高教材的直观性和实用性。本书可供医药院校专科生、本科生和研究生选用,也可供教师、科研人员与科教管理人员参考。

本书在编写过程中得到了院领导、教研室全体教师员工的大力支持,得到了郑州大学出版社的支持与帮助,另外,张华、温文静、刘书莲等在校研究生参与了部分文稿的校对工作,在此一并表示衷心的感谢。

由于知识水平和写作能力有限,我们在编写的过程中难免出现不足甚至错误,希望使用本书的老师和同学提出宝贵意见,以便在修订时加以改进。

程晓丽 郑 红
2007 年 3 月

目 录

实验室规则及报告要求

一、实验室规则

1.进入实验室要自觉遵守纪律,保持安静,不大声喧哗、嬉笑,不乱动仪器和其他设备,在指定实验台进行实验,爱护仪器,节约用品。

2.实验开始前,要认真预习实验内容并按照实验要求检查实验用品是否齐全,如有缺损及时报告教师;实验过程中,按照规定的实验内容进行实验,遵守操作规程。

3.保持实验室的清洁、整齐,不随地吐痰,实验室中的废纸等垃圾必须放在指定容器中。

4.爱护实验室的一切公物,注意节约用水、用物,若损坏了仪器、药品,必须及时报告教师,说明原因,并按照实验室规定酌情赔偿。

5.严格遵守实验操作安全规则,腐蚀性药品、有毒药品要小心使用。

6.实验完毕后按要求把实验物品分类放到指定位置,把器皿洗刷干净后放回原处。各班要留一小组学生打扫实验室,把实验桌面擦干净,把地面打扫干净,并检查水池是否堵塞,门、窗、水、电是否关好,经老师检查验收后方可离开实验室。

7.根据实验记录认真填写实验报告。

二、对实验报告的书写要求

实验报告是记录每次实验的作业完成形式,要如实反映实验结果,绘图要真实客观、实验数据要准确可靠。根据记录形式的不同,实验报告一般分为以下三类:

1.文字描述 将实验过程和实验结果以客观文字的形式进行描述,并进行分析。文字描述应简明扼要、重点突出、条理清晰、数据准确。

2.绘图 绘图时应使用2H或HB铅笔,不能用彩色铅笔或钢笔、圆珠笔等;绘图前应对标本仔细观察,按照显微镜下所见的实物物像进行绘制,力求真实、准确、一致;生物绘图应注意线条清晰明确,以点和线来表述细胞的形态,图的明暗以疏密不同的细点(注意打点时铅笔应垂直点下)来表示;绘图完成后,应注明标题与标本结构名称,注解用不带箭头的平行引线引出,并且长短应适当,末端平齐,注解应整洁、清晰。

3.列表 表格应设计合理、美观,将实验结果和实验过程对应填写,有利于直观、明了地统计实验结果,并进行相互分析。

第一部分

医学细胞生物学实验

实验一 普通光学显微镜的结构及使用

【英文概述】

The light microscope, so called because it employs visible light to detect small objects, is probably the most well-known and well-used research tool in biology. Yet, many students and teachers are unaware of the full range of features that are available in light microscopes. Since the cost of an instrument increases with its quality and versatility, the best instruments are, unfortunately, unavailable to most academic programs. However, even the most inexpensive "student" microscopes can provide spectacular views of nature and can enable students to perform some reasonably sophisticated experiments.

【实验目的】

1. 熟悉一般光学显微镜的结构和原理。
2. 熟练掌握普通光学显微镜的操作方法。

【实验原理】

普通光学显微镜是生物医学领域最常用的仪器之一,它通过一组复杂的光学透镜将标本放大,以便观察和分析。光学显微镜是根据透镜成像的原理对微小物体进行放大的。当被检物体 AB 放在物镜 O_1 前方的 $1 \sim 2$ 倍焦距之间,光线通过物镜 O_1 在镜筒中形成一个倒立的放大实像 A_1B_1,实像 A_1B_1 位于目镜 O_2 的焦点上,通过目镜放大成一个倒立的虚像 A_2B_2,通过调焦装置使 A_2B_2 落在人眼的明视距离(250 mm)处,此时眼睛所看到 A_3B_3 为清晰的和 A_2B_2 相对应的实像(图 1-1)。

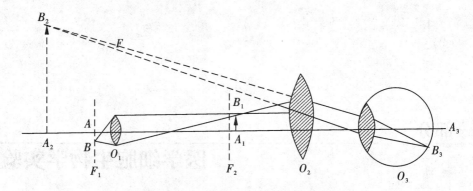

图1-1 光学显微镜的放大原理和光路图

O_1-物镜;O_2-目镜;O_3-眼球;F_1-物镜的前焦点;F_2-目镜的前焦点

【实验准备】

器材 普通光学显微镜。

试剂 乙醇乙醚混合液、香柏油。

材料 a字母装片、血涂片、擦镜纸等。

【实验内容】

一、显微镜的构造

普通光学显微镜是由位于同一光轴的两个正透镜物镜和目镜组成的,主要由光学系统和机械装置两大部分构成(图1-2)。

(一)机械装置

1.镜座 位于最底部,是整个显微镜的基座,质量大,降低了整体重心,起到支撑和稳固的作用。

2.镜臂 镜臂是支持镜筒和载物台的呈弓形或柱状结构的部分,是搬动显微镜时持握的部位。

3.准焦螺旋 也称调节器,是调节焦距的装置,分粗准焦螺旋(大螺旋)和细准焦螺旋(小螺旋)两种。粗准焦螺旋可使镜筒或载物台做较快或较大幅度的升降,能迅速调节好焦距,适用于低倍镜观察时调焦。细准焦螺旋可使镜筒或载物台缓慢或较小幅度地升降,适用于在低倍镜下用粗准焦螺旋找到物体后,在高倍镜或油镜下进行精细调节。

4.镜筒 位于镜臂的前方,上端装载目镜,下端连接物镜转换器。根据镜筒的数目,光镜可分为单筒式和双筒式。单筒光镜又分为直立式和倾斜式两种,镜筒直立式光镜的目镜与物镜的光轴在同一直线上;镜筒倾斜式光镜的目镜与物镜的中心线互成45°角,在镜筒中装有使光线转折的45°棱镜;双筒式光镜的镜筒均为倾斜式的。

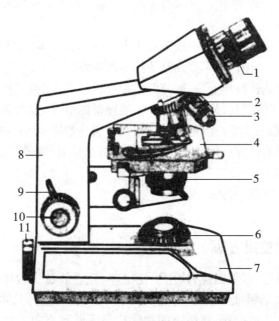

图 1-2　显微镜的结构

1-目镜;2-物镜转换器;3-物镜;4-载物台;5-聚光镜;6-集光镜;
7-底座;8-镜臂;9-粗准焦螺旋;10-细准焦螺旋;11-光源连接座
（引自中华医学检验全书）

5. **物镜转换器**　位于镜筒下端的一个可旋转的圆盘上，一般装有2～6个放大倍数不同的物镜。旋转物镜转换器就可以转换物镜。物镜转换器边缘有一卡榫，当旋至物镜和光路呈直线时，就发出"咔"的轻响，这时光路通畅，目镜、物镜正对着通光孔中央位置，眼睛可观察到玻片标本。

6. **载物台**　位于镜臂下面的平台，用以承放玻片标本，又称镜台。载物台中央有一圆形的通光孔，光线可以通过它由下向上反射。

7. **推进器**　位于载物台的后方或侧面边缘，连接一个可动弧形弹簧夹。其上方或下方一侧有两个旋钮，转动旋钮可调节推进尺，使玻片标本前后或左右移动。标本推进器上有纵横游标尺，用以标定标本在玻片中的方位。

（二）光学系统

1. **反光镜**　反光镜是装在载物台下、镜柱前的一面可转动的圆镜，反光镜有平、凹两面。平面镜聚光力弱，适合光线较强时使用;凹面镜聚光力强，适合光线较弱时使用。转动反光镜，可将光源反射到聚光镜上，再经载物台中央通光孔打到标本上。

2. **聚光镜**　聚光镜是位于载物台下方的一组透镜，用以聚集光线增强视野的亮度。载物台下方有一个调节旋钮，转动调节旋钮可升降聚光镜。上升时增强反射光，下降时减弱反射光。

3. **光栅**　光栅是在聚光镜底部的一个圆环状结构。光栅装有多片半月形的薄金属片,叠合在中央呈圆孔形。在圆环外缘有小柄,拨动小柄可使金属片分开或合拢,用以控制进入光线的强弱。

4. 目镜　装在镜筒上端,其上一般刻有放大倍数,如5×,10×,15×(×表示放大倍数)。目镜内常装有一指示针,用以指示要观察的标本的位置。

5. 物镜　装在物镜转换器上,一般分低倍镜、高倍镜和油镜三种。低倍镜镜体较短,放大倍数小;高倍镜镜体较长,放大倍数较大;油镜镜体最长,放大倍数最大(在镜体上刻有数字)。低倍镜一般有1.5×,10×,20×三种,高倍镜一般有40×一种,油镜一般是100×。

显微镜放大倍数的计算:目镜放大倍数×物镜放大倍数=显微镜对实物的放大倍数。

二、显微镜的使用方法

(一)低倍镜的使用方法

1. 准备　打开镜箱,右手握镜臂,左手托镜座,轻轻放在实验桌的偏左侧,镜座后端距桌边缘约5 cm。转动粗准焦螺旋,使载物台下降(或镜筒上升),再转动物镜转换器,使物镜主轴对准通光孔中央,当听到微小的扣撞声或手感到有阻力时立即停止转动,说明目镜、物镜光路通畅。

2. 对光　打开光圈,上升聚光器,双眼同时睁开,用左眼从目镜观察,转动反光镜使凹面朝向光源,直到视野内光线明亮均匀为止。

3. 置片　将玻片标本有盖片一面朝上置于载物台上,用推进器上的卡片固定标本,然后移动推进器,将标本移至通光孔中央。

4. 调节焦距　从侧面注视低倍镜,转动粗准焦螺旋,使载物台上升(或镜筒下降),使物镜距标本约0.5 cm,左眼从目镜观察,同时用粗准焦螺旋使载物台缓慢下降(或镜筒上升)直到视野中出现物像为止。若物像偏离视野,可用推进器使物像移到视野中央,最后再用细准焦螺旋调节,使物像更清晰。

(二)高倍镜的使用方法

1. 预备　依上法先用低倍镜找到物像,将需要放大部分移至视野中央,调至最清晰程度。

2. 更换物镜　从侧面注视物镜,转动物镜转换器,使高倍镜对准通光孔。现在常用的光学显微镜一般为共焦距显微镜。若低倍镜找到物像后,转换高倍镜便能基本看到标本轮廓,此时用细准焦螺旋调节至清晰即可。若镜头碰撞玻片标本转不过来,说明低倍镜焦距未调节好,应再用低倍镜调节;或玻片标本反面朝上时也会造成高倍镜头不能转到正确位置,此时需要将标本正面朝上。

3. 调节焦距　左眼从目镜观察,缓慢转动细准焦螺旋(勿用粗准焦螺旋),一般上下转动不超过一圈即可看到清晰的物像。若微调看不到物像,可能存在的原因如下:①低倍镜未调清晰;②所观察标本未移至视野中央;③玻片标本正面朝下;④物镜不配套,高倍镜头过长,经移动载物台或镜筒才更换过来的,此时则需直接用高倍镜调焦,即从侧面观察,使高倍镜头下降到和玻片标本几乎接触的距离,然后一面从视野中观察,一面用粗准焦螺旋极缓慢下降载物台(或上升镜筒),见到模糊物像时再用细准焦螺旋微调即可。

(三)油镜的使用方法

1. 预备　先用低、高倍镜观察,将需放大部分移至视野中央。

2. 更换物镜　转开高倍镜,在标本观察部位加 1 滴香柏油,转动物镜转换器,使油镜镜面浸在油滴内。

3. 调节焦距　左眼从目镜观察,用细准焦螺旋微调,即可见高度放大的清晰物像。

4. 清洁油镜镜头和标本　油镜使用完毕,转动粗准焦螺旋,使载物台下降(或镜筒上升),将油镜镜头转开,立即用擦镜纸蘸少许乙醇乙醚混合液将镜头上的香柏油轻轻擦掉,然后再用新的擦镜纸擦干净。如未及时清洗,香柏油可干结在镜头上,影响物镜观察。有盖片的标本同样用擦镜纸蘸少许乙醇乙醚混合液将盖片上的油擦干净。临时制片因有水分,不能使用油镜。

上述低倍镜、高倍镜、油镜在使用过程中,可根据物镜的工作距离(当物镜清晰时物镜镜面与玻片标本之间的距离),确定每个物镜的高度,对共焦距显微镜来讲,不同倍数的物镜基本处于同一焦平面上。因此成像后再换高倍镜或油镜,都应见到物像,用细准焦螺旋微调即可。从图 1-3 上可见,物镜放大倍数越高,工作距离越短。

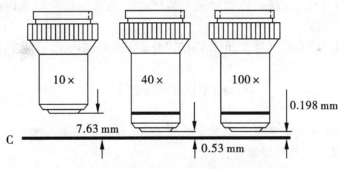

图 1-3　物镜的工作距离和同高调焦

三、操作练习

1. "a"字母装片　取装片肉眼观察"a"字母形态,然后置于载物台,先在低倍镜下观察,比较视野内所见的"a"字母和肉眼所见的"a"字母形态有何不同;轻轻将玻片前后左右移动,看物像与玻片移动方向是否一致;对此,该如何解释?将"a"字母的字头或字尾移至低倍镜视野中央,然后转换高倍镜观察。

2. 血涂片　先用低倍镜找出红细胞分散均匀的地方,移至视野中央,然后换高倍镜、油镜观察。

四、使用显微镜的注意事项

1. 取镜时必须右手握镜臂,左手托镜座,切勿单手斜提,前后摆动。以免碰撞或零件脱落。

2. 显微镜应放在距桌边缘约 5 cm 处。不能过于倾斜,以免失衡落地。

3. 调焦时不能单向转动准焦螺旋。使用高倍镜和油镜时用细准焦螺旋微调。

4. 观察时应两眼同时睁开,左眼观察,右眼、右手配合绘图。

5. 观察含有水分较多的临时制片时,载物台不能倾斜,切忌水、乙醇或其他药品浸损载物台和镜头。

6. 注意保持显微镜的清洁与完整。不得随意取出目镜,以免灰尘落入镜筒而影响观察,更不得任意拆卸零件。用绸布擦金属机械部分,光学和照明部分用擦镜纸或蘸少许乙醇乙醚混合液的擦镜纸轻轻擦拭干净。

7. 实验完毕,物镜头转呈"八"字形,勿与载物台孔相对,下降聚光器,关闭光圈,反光镜直立,罩好镜罩,归还原处。

【思考题】

1. 如何区分低倍镜、高倍镜和油镜? 为什么使用高倍镜或油镜时必须从低倍镜开始?

2. 在低倍镜下已观察到物像,但换高倍镜观察却未找到物像,可能存在哪几种原因?

显微测微尺的使用

显微测微尺用来测定显微镜下物体的大小,分为目镜测微尺和载物台测微尺两部分,二者须配合使用才能测定标本。

(一) 目镜测微尺

目镜测微尺为一圆形玻片(图 1-4 上),可装在目镜内。其中心刻有"50"等分的小格,每小格长度随物镜放大倍数和镜筒长度而异,不代表标本实际长度。

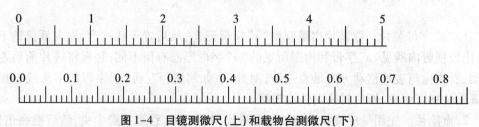

图 1-4 目镜测微尺(上)和载物台测微尺(下)

(二) 载物台测微尺

载物台测微尺为一块特制的载玻片(图1-4下),其中央封有全长为"1 mm"的标尺,其中有"300"等分小格,每小格长度为 0.01 mm(10 μm)。

(三) 测量方法

用目镜测微尺测量镜下物体大小,必须先用载物台测微尺标出目镜测微尺每小格的长度(μm),而后才能测出物体的实际长度。测量方法如下:

1. 载物台测微尺置于载物台中央,用低倍镜调节,使其刻度清楚。

2. 目镜测微尺装入目镜中(刻度面向下),低倍观察使目镜测微尺与载物台测微尺重叠,零点对齐,找出两尺刻度对齐处,计算目镜测微尺每小格相当于多少微米(μm)。例如:两种测微尺"0"点重叠后,目镜测微尺的 10 格正对载物台测微尺的 14 格(载物台测微尺每小格为 0.01,即 10 μm),故目镜测微尺每小格长度为:14×0.01 mm $/10 = 0.014$ mm $= 14$ μm。

3. 将载物台测微尺移开,换上玻片标本,再用目镜测微尺的刻度测量物体的大小,测得的小格数乘以上述求得的每格微米数,即为物体的实际长度。但如果用不同倍数的物镜与目镜,目镜测微尺每格所代表的长度则需重新测定。

其他几种显微镜的简介

目前,在生物学和医学研究中常用的显微镜还有以下几种:

1. 双筒立体显微镜　解剖较小标本或观察玻片标本的全貌时,需使用立体显微镜,以观察自然状态下较小的实体(正像)和较大的玻片标本,或解剖细小生物。

2. 暗视野显微镜　暗视野显微镜是一种具有暗视场聚光器或中央遮光板的显微镜,即在聚光镜上加 1 个特殊装置,使光线从聚光器透镜的边缘衍射或反射到标本上,经标本反射投入物镜内,使整个视野变暗,故能在视野中见到被检物体衍射的图像。这种显微镜可观察物体的存在与运动而不能辨清其微细结构。

3. 荧光显微镜　其特点是以紫外光为光源,利用紫外光照射,使标本内的荧光物质激发出不同颜色的荧光,以研究标本内某些物质的特征和位置。有些物质本身能发出荧光,有些物质需经荧光染料染色后才能发出荧光。

4. 相差显微镜　活细胞在普通光镜下一般不能分辨其细微结构。这是由于各细微结构的折光性很近似或对比不够显著的缘故。相差显微镜则是在聚光器下装一个环状光阑,其物镜是安有相板的相差物镜。环状光阑的作用是造成空心的光线锥,使直射光和衍射光分离。相板的作用是使直射光和衍射光发生干涉,导致相位差变成振幅差(即明暗差),使反差加强。它的主要优点是能对透明的活体进行直接观察,无须采用使细胞致死的固定和染色的方法,可以观察活细胞中不同染色的微细结构。

5. 倒置显微镜　物镜位于标本的下方,而光源位于标本的上方。其主要用于细胞培养时观察培养瓶中细胞的生长情况。

6.激光扫描共聚焦显微镜　激光扫描共聚焦显微镜是目前最先进的细胞生物学分析仪器之一。它是在荧光显微镜成像的基础上加装激光扫描装置,使用紫外线或可见光激发荧光探针,利用计算机进行图像处理,不仅可以观察固定的细胞、组织切片,还可以对活细胞的结构、分子和离子进行实时动态观察和检测。该镜是细胞水平的CT。目前,激光扫描共聚焦显微技术已用于细胞形态定位、立体结构重组和动态变化过程的研究领域。

（封青川　齐　华）

实验二　细胞基本形态与结构

【英文概述】

The ability of cells to migrate within the extracellular matrix and to remodel it depends as much on the physical and biochemical characteristics of a particular matrix as on cellular properties. Analyzing the different modes of migration of cells in matrices, and how cells switch between these modes, is vital for understanding a variety of physiological and pathological processes. Recent work provides new insights, but also raises some debates about the mechanisms and regulation of cell migration in three-dimensional matrices.

【实验目的】

1. 掌握显微镜下真核细胞的基本形态和结构,了解不同细胞的形态结构与功能的关系。
2. 掌握临时制片和显微绘图的方法。
3. 进一步熟悉显微镜的使用方法。

【实验准备】

器材　显微镜、载玻片、盖玻片、剪刀、镊子、小刀、吸管、牙签、擦镜纸、吸水纸等。

试剂　1%碘液、生理盐水等。

材料　人口腔上皮细胞、洋葱鳞茎、小肠绒毛上皮切片、骨骼肌纵切片、平滑肌纵切片、脊髓灰质涂片、蛙(或蟾蜍)血涂片。

【实验内容】

一、人口腔黏膜上皮细胞的制片与观察

1. 取材与制片　取一洁净的载玻片与盖玻片。先在载玻片中央滴1滴生理盐水,然后取1根牙签,用其一端在自己口腔内壁轻刮几下,将刮下的细胞洗于载玻片上的生理盐水中。

2. 染色　吸1滴染液滴在标本上,染色1~2 min,然后取一盖玻片,使其一侧的边缘与载玻片上的液体相接触,玻片应充分擦拭干净,慢慢盖下以免产生气泡,多余的液体可用吸水纸吸去。

3. 观察　将临时制片标本置于显微镜的载物台上,先用低倍镜观察,镜下可见被碘液染成黄色的细胞成群或分散存在。选择不重叠且形态完整、轮廓清楚的细胞移到视野

中央,再转换高倍镜,观察以下结构:细胞膜(cell membrane)也称质膜,是包围在细胞外周的1层薄膜。细胞质(cytoplasm)是介于细胞膜与细胞核之间的物质,染色较浅。细胞核(nucleus)位于细胞中部,呈圆形或椭圆形,染色较深。由于口腔黏膜上皮脱落细胞属于衰亡细胞,因此其核中看不到核仁(图2-1)。

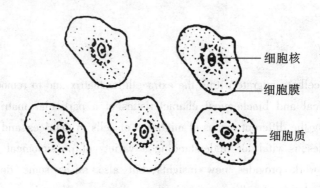

图 2-1　人口腔黏膜上皮细胞

二、洋葱鳞茎表皮细胞的制片与观察

1. 制片　取一洁净的载玻片,在其中央滴1滴生理盐水。用小刀将洋葱鳞茎切成2~4 mm 的小块,再用小镊子轻轻撕下鳞茎内侧面(即凹面)的一层膜状半透明表皮,置载玻片的水滴上并将其摊平,轻轻盖上盖玻片。

2. 染色　在盖玻片一侧的边缘处加碘液1滴,用吸水纸在盖玻片的相对一侧吸水,引染液入盖玻片内,然后置于低倍镜下观察。

3. 观察　在低倍镜下可见到许多排列整齐且彼此相连的柱状细胞。选择细胞形态清晰、染色均匀的区域。移至视野中央,转换高倍镜仔细观察以下结构(见图2-2)。

细胞壁(cell wall)　为细胞外周的一层由纤维素组成的较厚结构(它是植物细胞的重要特征之一)。

细胞膜(质膜)　位于细胞壁内侧并与其紧密相贴,光镜下不易分辨。

细胞核　位于细胞中央,呈椭圆形。成熟的细胞核由于受液泡挤压,核一般位于质膜边缘。调节细准焦螺旋,可见核内有1~2个折光较强的核仁。

细胞质　是细胞膜与细胞核之间的区域,其中可见1个至数个充满液体的小泡,称为液泡(vacuole)。

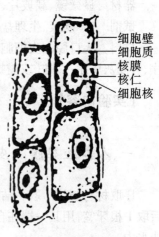

图 2-2　洋葱鳞茎表皮细胞

三、大白鼠小肠上皮切片的观察

取一小肠横切片,对着光肉眼观察可见到小肠肠腔。低倍镜下可见小肠肠腔四周有许多指状的突起,即绒毛。选择1根典型的绒毛移至视野中央,转换高倍镜观察。小肠上皮为单层柱状上皮,由大量的柱状细胞及一些杯状细胞交错紧密排列而成。

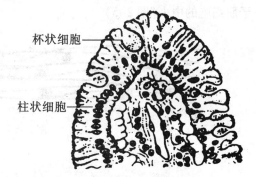

1. 柱状细胞(columnar cell) 呈高柱状,核呈椭圆形,染色较深。细胞向着肠腔的游离端有纹状缘(与营养吸收有关)。

2. 杯状细胞(goblet cell) 分布在柱状上皮细胞之间,形如高脚杯状。杯口向着细胞游离面,细胞核位于基底部附近。细胞质中有1个大的卵圆形的空腔,其中

图2-3　大白鼠小肠绒毛上皮细胞

充满黏液,可从杯口分泌至细胞表面,对小肠上皮有保护作用(图2-3)。

四、骨骼肌纵切片的观察

低倍镜下可见骨骼肌由许多肌纤维构成。每根肌纤维呈圆柱形,有许多细胞核紧贴于细胞膜内缘。每条肌纤维包含许多肌原纤维,在其上有明暗相间的横纹,故骨骼肌又称横纹肌(图2-4)。

图2-4　骨骼肌细胞

五、平滑肌纵切片的观察

低倍镜下可见平滑肌细胞呈长梭形,彼此交错排列。细胞核呈棒状或椭圆形,常位于肌细胞的中央(图2-5)

图2-5 平滑肌细胞

六、猪、兔、牛等脊髓灰质前角神经细胞涂片的观察

在低倍镜下可见许多被染成红色的、较完整的多交神经细胞,其胞体为不规则的三角形或菱形,周围有长短不等的突起(称树突与轴突),不易分辨,细胞核圆形,染色较深(图2-6)。

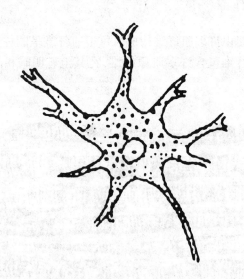

图2-6 猪脊髓前角神经细胞

七、蛙(或蟾蜍)血涂片标本的制作与观察

1.取材与制片 将已麻醉的蛙置于解剖板上(麻醉时间不宜过长)进行解剖,暴露心脏,此时可见心脏仍在跳动。用5号针头从心室尖端插入抽血,滴1滴于载玻片的一端,

再用另一载玻片以30°~40°的斜角推片(图2-7),制成血膜推片。推片时用力要均匀,血膜厚薄要适宜。一般来说,推片的角度越大、速度越快,血膜就越薄;反之,血膜就越厚。涂片过厚,细胞重叠,不易分辨;而涂片过薄,则细胞很少或分布不均匀,不利于观察。

2.染色 待血膜片干后,用吸管吸取体积分数为5%吉姆萨染液(Giemsa 染液)滴于血膜片上,使染液盖满整个血膜,染色5~10 min。用水冲去染液,待干后进行观察(图2-7)。

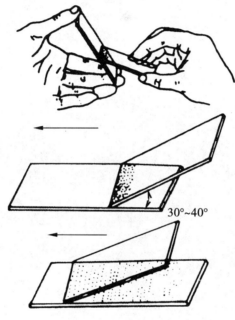

图2-7 血液涂片的摊片方法示意图

3.观察 在低倍镜下可见到大量的血细胞。选择细胞密度适中的区域移至视野中央,转换高倍镜观察。红细胞呈椭圆形,无细胞核。白细胞多为分叶状(图2-8)。

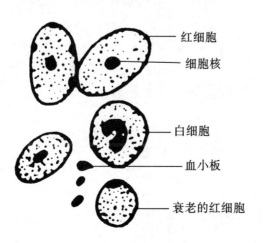

图2-8 蛙血涂片

【思考题】

1. 根据观察结果,总结出不同动植物细胞各自的形态特点及其形态与功能的关系。
2. 绘出口腔上皮细胞、洋葱表皮细胞图,注明细胞各部分结构的名称。

（封青川）

实验三　细胞的生理活动

【英文概述】

Plasma membrane is a selective permeable barrier between the cell and the extracellular environment. Its selective permeability ensures that essential molecules such as ions, glucose, amino acids, and lipids readily enter the cell, metabolic intermediates remain in the cell, and waste compounds leave the cell. The selective permeability of plasma membrane allows the cell to maintain a constant internal environment. When we define a type of transmembrane transport, some characters blow should be considered:

1) Whether need the aid of specific transport proteins?

2) If the direction of movement against concentration gradient of molecules or ions?

3) Whether require the energy supplied by ATP hydrolysis?

4) If driven by movement of a cotransported ion down its gradient?

【实验目的】

1. 了解生物膜的选择通透性。
2. 观察验证细胞运动及细胞吞噬等生理活动。

【实验原理】

细胞膜是细胞与环境进行物质交换的屏障,它是一种半透膜,可选择性控制物质进出细胞。由于膜的结构属性和物质本身的性质差异,将人红细胞置入各种不同的渗透液时,可见有些物质可渗入,有些则不能。另外,可渗入物质的渗透速度也不尽相同。当胞内溶质浓度高于胞外时,会引起水分子的渗入,随着胞内渗透压的增高,红细胞逐渐膨胀,最终可导致细胞膜破裂,此现象称为溶血(hemolysis)。溶血现象的发生可使不透明的浓密的红细胞悬液逐渐变为红色透明状。发生溶血所需时间的长短可作为测量物质渗入速度的一种指标。

巨噬细胞(macrophage)的主要功能是变形运动、吞噬和清除异物与衰老伤亡细胞、参与和调节免疫应答等,具有重要的防御作用。巨噬细胞能非特异性地吞噬体内多种病原菌或异物,其吞噬过程主要是通过游走靠近病原体或异物,伸出伪足将其包围,然后将病原体或异物吞入细胞,形成吞噬泡,继而与胞内的初级溶酶体融合,最终病原体或异物被彻底消化分解。

【实验准备】

器材　显微镜、水浴锅、吸管、试管、注射器、烧杯、移液管(1 mL、10 mL)、酒精灯、剪刀、镊子、吸耳球、载玻片、盖玻片、凹孔载片、吸水纸、试管架、消毒棉球等。

试剂　体积分数70%乙醇、质量分数6%淀粉肉汤(含4%的台盼蓝)、体积分数1%鸡红细胞悬液、体积分数10%人红细胞悬液、蒸馏水、生理盐水、0.17 mol/L 氯化钠、0.17 mol/L氯化铵、0.32 mol/L 葡萄糖、0.32 mol/L 甘油、0.32 mol/L 乙醇等。

材料　人血红细胞、鸡红细胞、雄性小白鼠。

【实验内容】

一、红细胞膜的通透性和溶血现象的观察

1. 正常红细胞悬液观察　取已制备好的体积分数10%的人红细胞悬液3 mL加入试管A,以印字书纸为背景进行观察,背景字不可见,红细胞悬液不透明(图3-1)。

2. 溶血现象观察　取试管B,加入0.3 mL人红细胞悬液,再加入蒸馏水3 mL,摇匀后注意观察颜色变化,并与A管对比,从加入蒸馏水开始计时直至溶液变为透明液体,以印字书纸为背景进行观察,必要时可上镜检查。

3. 红细胞选择通透性观察　取试管C、D,各加入0.3 mL人红细胞悬液,再将3 mL 0.17 mol/L的氯化钠溶液加入C管,3 mL 0.17 mol/L的氯化铵加入D管,轻轻摇匀,观察两管是否都溶血? 记录发生溶血的时间,试说明原因。

4. 几种物质通透性差异观察　即以溶血速度为指标进行观察。分别取3支试管按上述方法进行下列实验:

E管　0.3 mL人红细胞悬液+3 mL 0.32 mol/L乙醇

F管　0.3 mL人红细胞悬液+3 mL 0.32 mol/L甘油

G管　0.3 mL人红细胞悬液+3 mL 0.32 mol/L葡萄糖

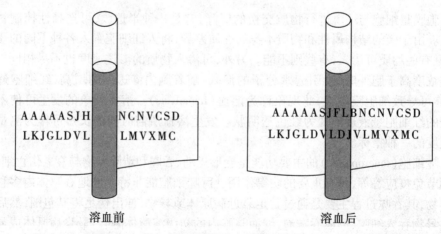

AAAAASJH　NCNVCSD
LKJGLDVL　LMVXMC
溶血前

AAAAASJFLBNCNVCSD
LKJGLDVLDJVLMVXMC
溶血后

图3-1　红细胞溶血前后示意图

二、细胞运动现象的观察

1. 处死　取 1 只雄性小鼠放置解剖板上,以颈椎脱臼法处死。用右手捏拿小鼠尾部中后段从笼中取出,放置解剖板上(注意此时右手不能松开,否则小鼠将逃逸,造成实验室混乱),用左手拇指、食指卡住小鼠颈部,使其稳定地匍匐在解剖板上,然后双手一齐向反方向用力牵拉(图 3-2),左手可感到小鼠颈骨断裂时的轻度震动,待小鼠四肢僵直,瞳孔放大,无刺激反应后便可进入下一步试验。

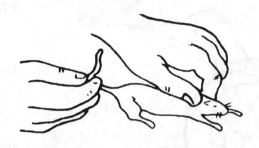

图 3-2　颈椎脱臼法示意图

2. 取材　用乙醇棉球将小鼠腹中线上的毛润湿,持镊子提起小鼠下腹部肛门处皮肤,剪开一横口,然后沿腹中线纵向向前将皮肤剪开约 3 cm 长的切口,暴露出腹壁肌肉,将相连在一起的皮肤与腹壁肌肉拉开后,同样方法在稍偏离腹中线处将腹壁肌肉剪开约 2 cm 长的切口。

将肠组织拨向上端,可见左右各有 1 个白色豆状体,即小鼠睾丸(图 3-3),繁殖期的小鼠睾丸通常出腹腔下降到阴囊中,此时需用镊子向上提拉乳白色输精管,将其从阴囊中引出,而非繁殖期的小鼠睾丸位于腹腔肾脏下方,并可见到白色细管,用小剪刀将附睾取下。

3. 制备精子悬液　将小鼠附睾置于盛有 2 mL 生理盐水的培养皿中,去除多余组织,用生理盐水洗去污物,弃废液。将清洗过的小鼠睾丸及附睾放入另 1 只盛有 2 mL 生理盐水的培养皿中,用剪刀将小鼠睾丸及附睾剪 1 个"十"字形切口,用小镊子控制,在生理盐水中充分搅拌使精子游离出来制成精子悬液。

4. 制片　取 1 滴精子悬液置于载玻片上,加盖玻片后即可上镜观察。

5. 观察　镜下可见许多活动的形如蝌蚪的精子,由头部、中段、主段和末段四部分构成(图 3-4)。

三、巨噬细胞吞噬现象的观察

1. 实验准备　在实验前 2 天,每日给小白鼠腹腔注射 6% 淀粉肉汤 1 mL(含 4% 的台盼蓝),以刺激小鼠的腹腔产生较多的巨噬细胞(此步骤由教师完成)。

2. 注入鸡红细胞　每个实验小组取 1 只上述预备态小鼠,给小白鼠腹腔注射 1 mL 1% 鸡红细胞悬液,然后顺时针轻揉小鼠腹部 2~3 周,使鸡红细胞迅速分散,静置 20 min 左右。

3. 腹腔液稀释　取上述小白鼠,给每只腹腔注射生理盐水 0.5 mL,3 min 后,顺时针轻揉小鼠腹部 2~3 周,以便将其腹腔液稀释。

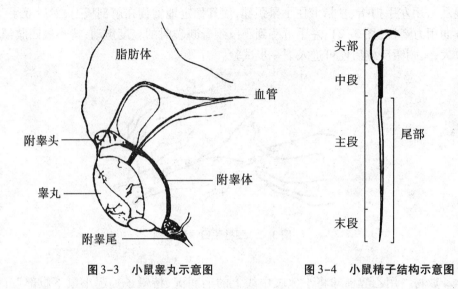

图 3-3　小鼠睾丸示意图　　　　图 3-4　小鼠精子结构示意图

4. 采样　将小鼠置于解剖板上,以颈椎脱臼法将其处死,用乙醇棉球润湿小鼠腹中线上的毛,可见小鼠皮肤与腹壁肌肉粘连在一起,用解剖刀将皮肤剥开,再用镊子夹起腹壁肌肉,用剪刀尖自其腹部后端向前挑起,略微偏离腹中线,由后向前剪开腹壁,露出腹腔,将内脏器官推向一侧,用去除针头的注射器抽取小鼠腹腔液。

5. 制片　滴 1 滴小鼠腹腔液于载玻片中央,盖上盖玻片(注意避免生成气泡)。

6. 观察　将标本片小心放置于载物台上(注意避免液体流出,污染显微镜),用低倍镜观察,镜下可见许多圆形和不规则形状的巨噬细胞,转换高倍镜,可见细胞质中有数量不等的蓝色圆形小颗粒,此现象是因吞入含台盼蓝淀粉肉汤所形成的。另外,可见少量黄色椭圆形含细胞核的鸡红细胞。仔细观察,可发现处于不同吞噬阶段的巨噬细胞,有的鸡红细胞刚刚被贴在巨噬细胞膜表面,有的则正在被吞入,另有一些则已吞入多个鸡红细胞而形成为吞噬泡。

【实验报告】

1. 记录并分析哪些渗透液中含非通透性离子?

2. 绘制小白鼠腹腔巨噬细胞吞噬鸡红细胞过程图。

3. 吞噬细胞活动有何意义?

(封青川)

实验四 细胞器的分级分离

【英文概述】

Each organelle has characteristics (size, shape and density for example) which make it different from other organelles within the same cell. If the cell is broken open in a gentle manner, each of its organelles can be subsequently isolated. The process of breaking open cells ishomogenization and the subsequent isolation of organelles is fractionation. Isolating the organelles requires the use of physical chemistry techniques, and those techniques can range from the use of simple sieves, gravity sedimentation or differential precipitation, to ultracentrifugation of fluorescent labeled organelles in computer generated density gradients. Without question, however, the most widely used technique for fractionating cellular components is the use of centrifugal force.

【实验目的】

1. 熟悉细胞器分级分离的原理和过程。
2. 掌握差速离心和密度梯度离心技术。
3. 熟悉离心机及匀浆器的使用方法。

【实验原理】

细胞组分是指细胞内部的亚细胞结构,如细胞核、线粒体、溶酶体、高尔基体和微粒体等细胞器。由于不同细胞器的大小、形状、比重和密度存在差异,因此,不同的细胞器在同一离心场内其沉降速度各不相同。根据这一原理,分离细胞器最常用的方法是将组织制成匀浆,在均匀的悬浮介质中用不同转速进行离心,将细胞内各种组分分级分离出来,其过程包括组织细胞匀浆、分级分离和分析三个步骤。分级分离已成为研究亚细胞成分的化学组成、理化特性及其功能的重要手段之一。

1. 组织细胞匀浆(homogenization) 在低温条件下,将组织放入匀浆器中,利用各种物理方法如研磨、超声震荡和低渗等方法使细胞被机械地研碎成为各种亚细胞组分和包含物的匀浆。匀浆中包含各种各样的细胞器,如细胞核、线粒体、高尔基体、溶酶体、过氧化物酶体、内质网小泡等,其大小、电荷、密度等各不相同。

2. 分级分离(fractionation) 分级分离是由低速到高速离心逐渐沉降,使非均一混合体中的颗粒按其大小、轻重分批沉降到离心管底部,再分部收集即可得到各种亚细胞组分。分级分离分为差速离心法和密度梯度离心法两种。差速离心法(differential centrifugation)是指低速与高速离心交替进行,使各种沉降系数不同的颗粒先后沉淀下来,达到分离的目的。差速离心中细胞器沉降的顺序依次为细胞核、线粒体、溶酶体与过氧化物酶体、内质网与高尔基体,最后为核蛋白体。差速离心方法较简单,但分辨率不高,沉淀系数在同一个数量级内的各种粒子不容易分开,常用于其他分离手段之前的粗制品提取。密度梯度离心法(density gradient centrifugation)是采用密度具有梯度的介质来替换离心管中密度均一的介质,使介质分为不同的层次,浓度低的在上层,浓度高的在底层。将细胞匀浆加在最上层,然后离心。这样不同大小、形态和密度的颗粒将会以不同的速度向下移动,集中到不同的区域,可以分别收集。该法的优点是分离效果好,可一次获得较纯的颗粒;颗粒不会被挤压变形。

3. 分析(analyse)　分级分离得到的各种大小不同的细胞亚显微结构和组分,经过纯化(多次重复离心)以后,可用细胞化学和生化方法进行形态和功能鉴定。

【实验准备】

器材　低温高速离心机、玻璃匀浆器、普通天平、光学显微镜、吸管、载玻片、盖玻片、刻度离心管、滴管、量筒、烧杯、漏斗、解剖剪刀、纱布、平皿、冰块。

试剂　生理盐水、0.25 mol/L 蔗糖溶液、0.003 mol/L $CaCl_2$ 溶液、10 g/L 甲苯胺蓝染液、0.2 g/L 詹纳绿 B 染液。

材料　小白鼠。

【实验内容】

一、细胞核的分离

1. 用断颈法处死饥饿 24 h 的小白鼠,迅速解剖取出肝脏,立即放入预冷的生理盐水中,反复洗涤除去血迹,用滤纸吸去表面溶液。

2. 称取湿重约 1 g 的肝组织放入小平皿中,剪碎肝组织后,加入少量预冷的 0.25 mol/L 蔗糖溶液反复洗涤数次,将平皿中的悬浮肝组织倒入匀浆器中进行匀浆,匀浆过程在冰浴中进行。匀浆完毕后,用数层湿纱布过滤匀浆到离心管中,取滤液制备涂片,做好标记,自然干燥。

3. 将装有匀浆的离心管配平后,在低温离心机中以 600 g 离心 10 min,将上清液转入 EP 管中,盖好盖子置于冰浴中,留待以后使用。沉淀用 10 mL 预冷的 0.25 mol/L 蔗糖溶液离心洗涤 2 次,每次 1000 g,10 min。

4. 加入 6 mL 0.25 mol/L 蔗糖-0.003 mol/L $CaCl_2$ 溶液于离心管中,用吸管吹打,使沉淀物悬浮,制成悬液。以 1 500 g 离心 15～20 min,弃上清液,沉淀即为经过纯化的细胞核,用少量蔗糖/ $CaCl_2$ 溶液悬浮,制成细胞核悬液。

5. 将分离纯化的细胞核悬液制成涂片,自然干燥。涂片用 10 g/L 甲苯胺蓝染液染色 20～30 min,蒸馏水漂洗,吸水纸吸干水分,置于高倍镜下观察,比较观察结果。

二、线粒体的分离

1. 将分离细胞核时收集的上清液以 10 000 g 离心 10 min,收集上清液,置于冰浴待用。沉淀用预冷的 0.25 mol/L 蔗糖溶液悬浮,10 000 g 离心 10 min,反复操作 2 次。

2. 将沉淀物均匀涂片,自然干燥。加 1~2 滴詹纳绿 B 染液染色 5 min,盖上盖玻片,高倍镜下观察。被染成亮绿色的即为线粒体。

三、溶酶体的分离

分离线粒体时用的上清液以 16 300 g 离心 20 min,上清液置于冰浴留待后用。沉淀加入 10 mL 预冷的 0.25 mol/L 蔗糖溶液悬浮,用同样的条件再离心 1 次。溶酶体的外形在光镜下看不到,但可见棕黑色的颗粒。

四、微粒体的分离

分离溶酶体时的上清液以 100 000 g 离心 30 min,沉淀即为由内质网碎片形成的微粒体。图 4-1 为细胞器差速离心分离示意图。

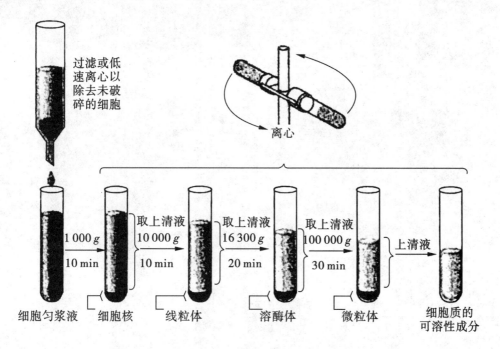

图 4-1 细胞器差速离心分离示意图

(引自 http://all-linksite.com)

【注意事项】

1. 分离具有生物活性的物质,常用十分温和的条件,并尽可能在较低温度和洁净的环境下进行。

2. 使用离心机之前一定要配平,平衡后把它们放置于转子的对称位置。要等到转速为零时才能打开离心机盖,取出样品。

3. 均浆时充分破碎组织的时间不宜过长。

4. 差速离心法分离效果较差,不能一次得到纯颗粒,须经再悬浮和再离心(2~3次)才能得到较纯的颗粒;壁效应严重,在离心管一侧会出现沉淀;颗粒被挤压,可能变形、聚集而失活。

【实验报告】

1. 简述细胞器分级分离的基本原理及主要步骤。
2. 描述各种涂片的观察结果。

（贺　颖）

实验五　细胞骨架的制备与观察

【英文概述】

The cytoskeleton is unique to eukaryotic cells. It is a dynamic three-dimensional structure that fills the cytoplasm. This structure acts as both muscle and skeleton, for movement and stability. The primary types of fibers comprising the cytoskeleton are microfilaments, microtubules, and intermediate filaments. Microfilaments are fine, thread-like protein fibers, 3~6 nm in diameter. They are composed predominantly of actin, which is the most abundant cellular protein. Microfilaments can also carry out cellular movements including gliding, contraction, and cytokinesis. Microtubules are cylindrical tubes, 20~25 nm in diameter. They are composed of subunits of the protein tubulin—these subunits are termed alpha and beta. Microtubules act as a scaffold to determine cell shape, and provide a set of "tracks" for cell organelles and vesicles to move on. Intermediate filaments are about 10 nm diameter and provide tensile strength for the cell. Without the cytoskeleton, the cell would have no shape. By allowing the cell to keep shape, the cell is allowed to function and stay in homeostasis.

【实验目的】

1. 掌握细胞骨架的基本结构特征及形态特点。
2. 熟悉细胞骨架标本的制作方法。

【实验原理】

真核细胞内有错综复杂的纤维网络结构,称为细胞骨架(cytoskeleton)。根据纤维直径的不同分为:微管(microtubule,MT),直径 25 nm;微丝(microfilament,MF),直径 7 nm;中间纤维(intermediated filament,IF),直径 10 nm。此外,还散布一些比微丝还细的纤维,直径 3~6 nm。它们在维持细胞形态,参与细胞的生长、运动、分裂、分化和物质运输等方面发挥着重要作用。目前,观察细胞骨架的主要手段有光镜、电镜、间接免疫荧光技术以及细胞化学技术等。

细胞骨架在低温、高压以及酸处理等常规固定条件下不稳定。但采用 M-缓冲液洗涤细胞,可以提高细胞骨架的稳定性,戊二醛在室温下能较好地固定保存细胞骨架的成分。另外,光镜下细胞骨架的形态学观察多用1%聚乙二醇辛基苯醚处理细胞,使95%以上的可溶性蛋白及全部脂质被抽提掉,再用考马斯亮蓝 R250 染色,就清晰可见细胞质中的微丝束。

此外,还可以用间接免疫荧光技术来观察微管。其基本原理如下:兔抗微管蛋白的免疫血清(一抗)与体外培养细胞一起孵育,该抗体与细胞内的微管特异性结合,然后用异硫氰酸荧光素(FITC)标记的羊抗兔(IgG)血清(二抗)与一抗温育结合,放置在荧光显微镜下观察,细胞质内伸展的网络结构即为微管。

一、考马斯亮蓝 R250 染色法观察微丝

【实验准备】

器材 恒温水浴锅、光学显微镜、直径 30 mm 的培养皿、小镊子、载玻片、盖玻片、吸管、烧杯、吸水纸、擦镜纸等。

试剂 磷酸缓冲液(PBS,pH 值 7.4)、0.2 mol/L 磷酸盐缓冲液(pH 值 7.3)、M-缓冲液、1% Triton-X-100、0.2%考马斯亮蓝 R250、3.0%戊二醛等。

材料 体外培养的贴壁生长 HeLa 细胞。

【实验内容】

1. 从培养瓶中取出一块生长着 HeLa 细胞的盖玻片,尚未致密时即可使用。长有细胞的一面朝上放在培养皿上,用 6 mmol/L PBS 轻轻冲洗 3 次,每次 1 min。

2. 加入 3 mL 1% Triton-X-100 在 37 ℃恒温箱中处理 25 ~ 30 min。

3. 立即用 M-缓冲液轻轻冲洗细胞 3 次,每次 3 min。

4. 略微晾干后,用 3.0%戊二醛固定细胞 10 ~ 15 min。

5. 弃去固定液,用 PBS 轻轻冲洗 3 次,每次 3 min。

6. 用滤纸吸干,滴加 0.2%的考马斯亮蓝 R250 于标本上染色 40 min。

7. 小心倒去染液,用蒸馏水轻轻冲洗标本上的染液,在空气中干燥。

8. 置于光镜下观察,细胞形态已不清楚,只有细胞轮廓,细胞中充满深蓝色的纤维束,粗细不等,沿细胞的纵轴分布,它们就是微丝聚集成的微丝束。转换高倍镜或油镜仔细观察。

二、间接免疫荧光法观察微管

【实验准备】

器材 荧光显微镜、直径 30 mm 的小染缸、小镊子、载玻片、盖玻片、吸管、烧杯、吸水纸、擦镜纸、微量离心管、摇床、离心机等。

试剂 磷酸缓冲液(PBS,pH 值 7.4)、冷甲醇(-20 ℃)、0.3% Triton-X-100/PBS、1%Triton-X-100/PBS、兔抗管蛋白血清、FITC-羊抗兔抗体、甘油-PBS、40 g/L 多聚甲醛固定液、1% Triton-X-100 等。

材料 体外培养的贴壁生长的 HeLa 细胞。

【实验内容】

1. 取出培养在盖玻片上的 HeLa 细胞,用 PBS 洗涤。

2. 用滤纸吸去水分,立即放入预冷的甲醇固定液内在冰浴中固定 20 min。

3. 用 0.3% Triton-X-100/PBS 将抗管蛋白抗体稀释成 1:4、1:8、1:16 等不同浓度,吸取 40 μL 滴加在细胞上,将此长满细胞的盖玻片反扣在载玻片上,放在铺有湿纱布的铝盒内,盖严,37 ℃温育 1 h。

4. 取出样品,按照 PBS-1% Triton-X-100/PBS-PBS 的顺序洗涤,每次洗 5 min,然后取出样品,用滤纸吸去水分,自然干燥。

5. 在细胞面滴加 40 μL FITC-羊抗兔抗体(稀释步骤同步骤 3),放在铺有湿纱布的铝盒内,盖严,37 ℃温育 1 h。

6. 同步骤 4 洗涤细胞,最后用无离子水冲洗。

7. 略干燥,用甘油-PBS(9:1)封片。在荧光显微镜下观察,蓝光激发,外加阻断滤片 K530。先用低倍镜观察,后转换油镜,可见微管呈细丝状,发黄绿色荧光(图 5-1)。

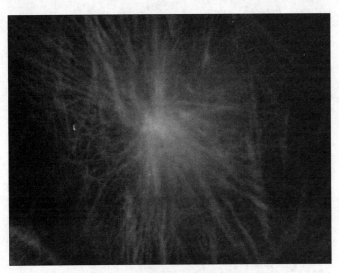

图 5-1　细胞质中的微管、微丝

(红色显示微丝,绿色显示微管)

【注意事项】

1. 各个步骤都要轻轻操作,勿使细胞脱落。

2. 用 1% Triton-X-100 抽提杂蛋白要做预实验,否则抽提时间太长将破坏细胞结构,时间过短则背景干扰太大。

3. 细胞充分贴壁铺展时应力纤维较多,形态挺直。反之,细胞收缩变圆,应力纤维弯曲,甚至部分解聚消失而显得稀少。

4. 加 3% 戊二醛溶液对细胞骨架和细胞形态的维持十分重要,固定时间不能太短。

【实验报告】

1. 绘图:描绘观察到的细胞骨架图像。
2. 对实验成功和失败的原因进行讨论。
3. 1% Triton-X-100、戊二醛和考马斯亮蓝 R250 等 3 种试剂的作用分别是什么?

（贺　颖）

实验六　细胞中线粒体的活体染色

【英文概述】

Janus green B (JG-B) dye is used for vital staining of mitochondria and its reduction and oxidation shows the electron transfer chain alteration. Janus green B belongs to the monoazo dyes. The main important staining is the demonstration of mitochondria in living cells. The Janus green B staining reaction is oxygen dependent, for although selective staining of mitochondria appears under partial anaerobic conditions, these structures become decolorized when all of the oxygen is removed. Cytological observation of an intact cell which is initially completely stained by Janus green B indicates that this dye can be reduced in both the mitochondrial and non-mitochondrial portions of the cell. However, the rate of dye reduction is not equal in all parts of the cell, for the intermitochondrial portions of the cell lose their color first whereas the mitochondria become decolorized at a much late time.

【实验目的】

1. 了解细胞活体染色的基本原理。
2. 掌握线粒体活体染色的方法。

【实验原理】

细胞的活体染色是利用某些无毒或毒性较小的染色剂使细胞内某些结构或组分以天然状态显示出来的一种染色方法。所用的染色剂应具有特异性,不影响或少影响细胞的正常生命活动。詹纳斯绿B(Janus green B)是线粒体的专一活体染色剂,呈碱性,具有脂溶性,能够穿过细胞膜进入细胞内,并通过其结构中带有正电荷的染色基团结合到带负电的线粒体内膜上。线粒体是细胞内进行能量代谢的重要场所,内含多种与能量代谢有关的酶类,其中内膜上的细胞色素氧化酶可使所结合的詹纳斯绿B保持氧化状态而呈现蓝色,而在周围的细胞质中染料被还原成为无色。

【实验准备】

器材　牙签、载玻片、盖玻片、吸管、吸水滤纸和光学显微镜。
试剂　生理盐水、1/300詹纳斯绿B(詹纳斯绿B 1.0 g)。
材料　口腔上皮细胞。

【实验内容】

1. 取材　滴1滴生理盐水于载玻片中央。取洁净牙签1只,刮取口腔上皮细胞,使牙签上细胞混于生理盐水中,盖上充分擦拭的盖玻片。

2. 染色 滴加几滴 1/300 詹纳斯绿 B 染液于盖玻片一侧,用吸水纸在对侧吸液体,使生理盐水被染液置换,染色 5 min。

3. 镜下观察 可见口腔上皮细胞中线粒体被染成蓝色(图6-1)。

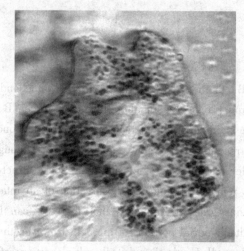

图6-1 人口腔黏膜细胞中的线粒体示意图

【注意事项】

1. 本实验是活体实验,在实验的整个过程中应保持标本的活体状态。当细胞死亡或开始死亡时,随着酶活性的丧失,细胞质和细胞核也将被染色,在取材时,要做到快速、准确。

2. 詹纳斯绿 B 有微弱细胞毒性,染色时间过长,有可能导致线粒体形成空泡,在操作中应该加以注意。随着时间延长,细胞死亡后会被整个染成蓝色,影响观察效果。

【实验报告】

绘制光镜下口腔上皮细胞活体染色所见的线粒体的形态结构。

(封青川)

实验七　细胞有丝分裂

【英文概述】

Mitosis is a process of nuclear division in which replicated DNA molecules of each chromosome are faithfully partitioned into two nuclei. The cell division that follows is called cytokinesis, the separation of the two cells by division of the plasma membrane. The two daughter cells resulting mitosis and cytokinesis possess a genetic content identical to each other and to the mother cell from which they arose. Therefore mitosis maintains a constant amount of genetic material from cell generation to cell generation. Mitosis can take place in either haploid or diploid cells. Although mitosis proceeds as a continuous sequence of events, it is traditionally divided into four stages, prophase, metaphase, anaphase, and telophase, each characterized by a particular series of event.

【实验目的】

1.掌握细胞有丝分裂各期的形态变化特点。

2.了解动、植物细胞有丝分裂的不同点。

【实验准备】

　　器材　显微镜、水浴锅、镊子、小烧杯、吸水纸、载玻片、盖玻片、吸管、带橡皮头铅笔等。

　　试剂　改良苯酚品红染液、体积分数70%乙醇、1N HCl 溶液、甲醇。

　　材料　洋葱根尖纵切片、马蛔虫子宫切片、洋葱根尖固定(或新鲜)标本。

【实验原理】

　　有丝分裂(mitosis)是细胞分裂的方式之一,又称间接分裂,真核细胞生物通过有丝分裂实现增殖,通过将遗传物质平均分配到子细胞中去实现细胞生物特性的传递,这种分裂方式普遍存在于高等动、植物中。

　　有丝分裂的显著特征是形成由纺锤体、中心体和染色体等结构组成的有丝分裂器(mitosis apparatus)。有丝分裂器在子染色体的平衡、运动及平均分配过程中起重要作用,根据形态学特征,有丝分裂过程是一个连续的过程。为了便于描述,人为地将其分为前期(prophase)、中期(metaphase)、后期(anaphase)、末期(telophase)及胞质分裂等几个时期。有丝分裂器是一个临时性的细胞器,分裂结束时有丝分裂器也解体。

【实验内容】

一、植物细胞有丝分裂

1. 洋葱根尖压片制作

取材　取1洋葱鳞茎,剪去老根,置于盛满清水的小烧杯上,3~4 d后,根茎部长出不定根,待其长至1~2 cm时,在根尖约0.5 cm处剪下,置于甲醇固定液中固定,3 h后转入体积分数70%乙醇中,放于冰箱保存备用。

压片　将根尖取出,清水洗后放入盛有少量1N HCl的小烧杯中,并置于60 ℃恒温水浴锅内软化约10 min,待根尖发白变软时取出置于载玻片上,滴1滴水洗去HCl,用吸水纸吸干。滴1~2滴改良苯酚品红染液,用刀片纵向将组织分散,见染成红色时,盖上盖玻片(避免产生气泡);用2层吸水纸压盖在盖玻片上,左手拇指与食指将其固定,右手用铅笔橡皮头对准标本扣打(小心,扣打时要避免标本移动),使细胞和染色标本充分分散开来,以便镜下观察(图7-1)。

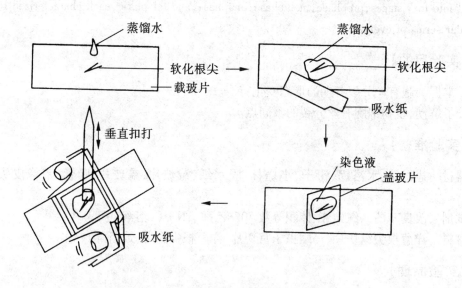

图7-1　洋葱根尖压片制备示意图

2. 洋葱根尖压片及洋葱根尖细胞有丝分裂标本片的观察

在低倍镜下找到洋葱根尖纵切片标本,根尖的结构由根毛区、延长区、生长区和根冠区构成。低倍镜下可在根毛区最外层见到不对称的根毛细胞;延长区的细胞一般呈长方形;生长区的细胞排列较致密,大多呈方形,染色较深,细胞有丝分裂象较多;根冠区的细胞排列较疏松,大多为多边形,染色相对较浅,分裂期细胞较少(图7-2)。

观察重点是生长区的细胞。将视野锁定在生长区,低倍镜下大致了解生长区细胞特征,将不同分裂期细胞移至视野中央,转换为高倍镜,简单比对生长区细胞特征,仔细观察可见处于不同分裂时期的细胞,选取各典型时期的细胞分裂象,移到视野中央,转换为油镜,对照以下各期特点仔细观察(图7-3)。

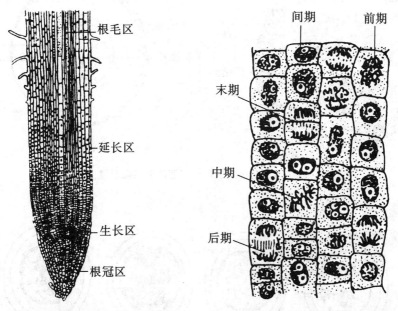

图7-2　洋葱根尖纵切片示意图　　　图7-3　洋葱根尖生长区有丝分裂示意图

前期(prophase)　前期细胞核膨大,核内染色质通过螺旋化和折叠形成丝状结构,然后再缩短变粗,形成染色体,同时核仁、核膜消失。

中期(metaphase)　中期指由核膜解体到染色体排列到细胞中央的赤道板或称赤道面(equatorial plane)这一阶段,也可指位于纺锤体的中部,此时如从细胞侧面观察,染色体在细胞中部排列成细线状,如从细胞一极观察,则染色体呈星状。

后期(anaphase)　后期姐妹染色单体从着丝粒处纵裂为二,纵裂后的染色单体分为相等的两组,在纺锤丝牵拉下分别移向细胞的两极,形成2个子染色体群。当子染色体群到达两极后,标志着后期的结束。

末期(telophase)　末期是从子染色体到达两极,至形成2个新细胞为止的时期,涉及子核的形成和胞质分裂两方面。首先,染色体到达细胞两端后,一方面纺锤丝逐渐消失,另一方面染色体逐渐解螺旋形成染色质,核仁、核膜也随之逐渐出现,2个新的子细胞核逐渐形成。此时胞质分裂逐渐开始,先是成膜成壁性物质在细胞中部逐渐聚集形成细胞板(新生的细胞壁),随后细胞板逐渐向周围扩展,最终即把原来的1个细胞分隔为2个新的子细胞。

二、马蛔虫卵细胞的有丝分裂

取马蛔虫子宫横切片标本,放在低倍镜下观察(图7-4、图7-5)。

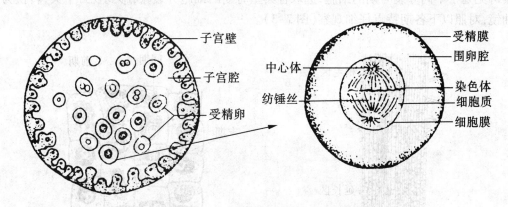

图7-4　马蛔虫子宫横切面及受精卵示意图

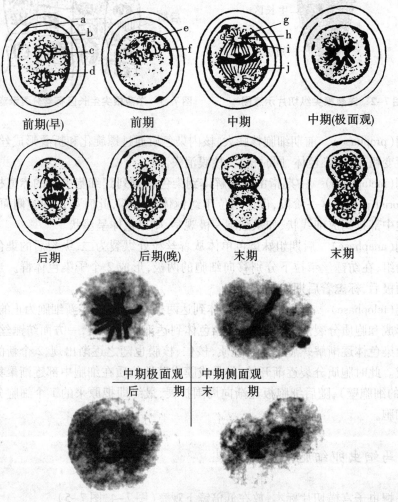

图7-5　马蛔虫受精卵的有丝分裂

标本的最外层是子宫壁,由 1 层柱状细胞构成。子宫腔内有许多正处于分裂的不同阶段的已受精的卵细胞。受精卵的表面,有一层较厚的受精膜(颜色稍暗,请注意不要将此层误认为是细胞膜),受精膜内是围卵腔,在围卵腔中央悬浮着 1 个受精卵(不要将它误认为是细胞核)。使用显微镜上的推动器小心缓慢移动标本,寻找处于前、中、后、末期各期的受精卵细胞,转高倍镜仔细观察各期的特点,并与洋葱根尖细胞相比较。

1. 前期 细胞核内有丝状的染色质。中心体在细胞核的外侧开始分裂为 2 个,并形成星状体(中心粒和星射线的合称)。分裂前期的细胞有的染色丝已成粗的染色体,核仁、核膜消失。

2. 中期 染色体在纺锤丝牵拉下先后排列到细胞中部的平面上,形成赤道板。中心体位于两极,纺锤体形成。

3. 后期 姐妹染色单体从着丝粒处纵裂为二,染色单体向两极移动,形成 2 个子染色体群。

4. 末期 到达两极的 2 个子染色体群开始解螺旋,逐渐解体成为染色质,随着核膜、核仁的出现,子细胞核形成,纺锤丝消失,细胞膜从中央处逐渐向内收缩,最后使细胞缢裂形成 2 个子细胞。

【实验思考题】

1. 为什么选择洋葱根尖的生长区作为观察重点?
2. 叙述植物细胞有丝分裂过程,说明各期特征。

【实验报告】

1. 绘制洋葱根尖细胞分裂前期、中期、后期、末期图,并注解。
2. 比较动物细胞和植物细胞有丝分裂过程的异同点。

(封青川)

实验八 细胞减数分裂

【英文概述】

Meiosis is a specialized type of cell division that occurs in the formation of gametes such as egg and sperm. Meiosis involves a reduction in the amount of genetic material and comprises two successive nuclear divisions with only one round of DNA replication. One parent cell produces four daughter cells. Daughter cells have half the number of chromosomes found in the original parent cell and with crossing over, are genetically different. Although meiosis appears much more complicated than mitosis, it is really just two divisions in sequence, each one of which has strong similarities to mitosis. Four stages can be described for each nuclear division.

【实验目的】

1. 了解动物生殖细胞减数分裂标本的制作方法。
2. 掌握生殖细胞减数分裂的过程及各期特点。

【实验准备】

器材 解剖板、解剖剪、解剖镊、注射器、5 号针头、离心管、吸管、小培养皿、载玻片、盖玻片、染色缸、水浴锅、离心机、普通天平、酒精灯、吹风机、显微镜、吸水纸、擦镜纸等。

试剂 改良苯酚品红染液、甲醇、冰醋酸、200 mg/L 秋水仙素溶液、0.075 M KCl 溶液（低渗液）、pH 6.8 磷酸缓冲液、Giemsa 染液等。

材料 成熟雄性小白鼠、小白鼠睾丸减数分裂玻片标本、蝗虫精巢固定玻片标本及精小管纵切片标本。

【实验原理】

减数分裂（meiosis）是生殖细胞成熟时期所进行的特殊的有丝分裂，整个过程包含两次分裂，而染色体只进行一次复制，最终形成的子细胞中染色体数目减少了一半，即遗传物质由体细胞的二倍数变为配子细胞的单倍数。两种配子通过受精作用结合形成合子，染色体数目恢复二倍数，保持生物物种遗传物质的相对稳定性。

高等动物的生殖细胞都以减数分裂完成配子的形成，以动物的精巢作为材料，标本经过特殊的处理、制片等过程，可观察了解到减数分裂的各个时期的基本形态变化。用于制备减数分裂标本的材料很多，小鼠和蝗虫等都因染色体数目少、便于镜下观察等，是减数分裂标本制备的良好材料。

【实验内容】

一、蝗虫精巢生殖细胞减数分裂

(一)蝗虫精小管纵切片玻片标本观察

将蝗虫精巢纵切片置于低倍镜下观察(图 8-1),从游离端开始向下依次排列着不同发育阶段生殖细胞,游离端一侧可见由精小管上皮细胞分化的精原细胞,其中部分细胞逐渐长大形成初级精母细胞和完成减数第 1 次分裂后形成的次级精母细胞,小管中部可见处于减数分裂各个分期的精母细胞,下段是体积较小的精母细胞和经变态发育形成的精子。雄蝗虫体细胞染色体为 23 条,性染色体为 XO 型,雌性为 24 条,性染色体为 XX 型。

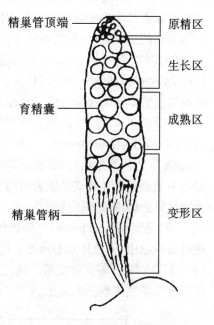

图 8-1　蝗虫精巢纵切片示意图

(标注:精巢管顶端、育精囊、精巢管柄；原精区、生长区、成熟区、变形区)

(二)蝗虫精巢玻片标本观察

减数分裂各期细胞形态特征　将压片置于低倍镜下观察,见许多分散排列的细胞,移至视野中央,转高倍镜观察减数分裂各期细胞和染色体形态。

1.精原细胞(spermatocynia)　精原细胞呈圆形或椭圆形,细胞核圆而大,染色较深。精原细胞通过有丝分裂形成许多精原细胞。

2.初级精母细胞(primary spermatocyte)　初级精母细胞是由精原细胞经过生长期发育而成。初级精母细胞经过第 1 次成熟分裂,形成 2 个次级精母细胞。

3.次级精母细胞(secondary spermatocyte)　次级精母细胞的体积较初级精母细胞略小,经第 2 次成熟分裂后,每个次级精母细胞产生 2 个精细胞。

4.精细胞(spermatid)　精细胞与一般间期细胞相似,体积较小,核大,胞质少。

5.精子(sperm)　精细胞经过变态期后形成精子。精子分头、中段和尾丝 3 部分。头部为细胞核所在部位,由圆形逐渐变为针形。中段极短,含 1 个中心粒。尾丝细长,为鞭毛状运动器。

减数第 1 次分裂各期染色体形态结构特征　生殖细胞第 1 次成熟分裂包括前期Ⅰ、中期Ⅰ、后期Ⅰ和末期Ⅰ 4 个时期。经过此分裂期,初级精母细胞转变形成次级精母细胞。

1.前期Ⅰ(prophaseⅠ,PⅠ)　此期时间最长且变化复杂。按染色体的形成变化,又细分为 5 个不同时期。由于此期在整个减数分裂过程中历时最长,镜下可见较多前期Ⅰ各时期的精母细胞。根据染色体形态变化,前期Ⅰ又被细分为以下 5 个时期:

（1）细线期（leptotene）　是减数分裂过程的开始时期。细胞核膨大，染色体呈细长的线状结构，可见染色粒结构。每条染色体由 2 条染色单体构成，但染色线互相缠绕成一团。核仁清楚。染色体开始缩短变粗的历程。

（2）偶线期（zygotene）　又称联会期（synaptene），是同源染色体配对的时期。蝗虫的每对染色体配对是先从核膜内侧的一端开始互相靠拢，逐渐延伸到另一端，每对染色粒和着丝粒也都准确配对。配对后的同源染色体称为二价体（bivalent）。偶线期的染色体仍为较长的细线状，一般看不清 2 条染色单体。此时 X 染色体仍呈浓染的异固缩状态。

（3）粗线期（pachytene）　同源染色体配对完毕，且整体上缩短变粗。细胞中的染色体由 $2n$ 个单价体变为 n 个二价体，每个二价体包含 2 个二分体，因此又被称为四分体。此时联会的 2 条同源染色体结合非常紧密，不易看清其中的每条染色体。同源染色体的非姊妹染色单体之间在此期发生局部交换。

（4）双线期（diplotene）　二价体中 2 条同源染色体开始分离，但在交叉点上仍连在一起，X 染色体开始活动，形成短棒状，移向细胞中央。此期可较清楚地看到每个二价体都由 4 条染色单体构成。随着时间的推移，交叉点移向染色体末端，这种现象称为端化。此期的染色体继续缩短变粗。

（5）终变期（diakinesis）　染色体收缩变粗达到极点，并逐渐向核的边缘移动，较均匀地散布在核中，染色体形态清晰。此期由于交叉点移向染色体端部，使染色体呈现出"O""8""X""V""+"等多种图像。核仁、核膜消失。图 8-2 为蝗虫精巢细胞减数分裂前期 I 各个分期染色体形态的变化。

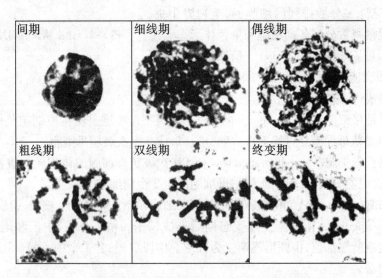

图 8-2　蝗虫精巢细胞减数分裂前期 I 各个分期染色体形态

（引自：http://www.vcbio.science.ru.nl/en/image-gallery/show/point/AN0098/）

2. 中期 I（metaphase I，M I）　核膜完全消失。二价体向细胞中部集中，排列于赤道面上，形成赤道板。染色体的着丝粒和纺锤丝相连（因压片关系，纺锤体不易见）。图 8-3 为几种生殖细胞减数分裂中期 I 和（或）中期 II 染色体形态。

3. 后期 I (anaphase I , A I)　同源染色体分离,并向两极移动,每个四分体分离成 2 个二分体。二分体随机分为 2 组,其中一组为 11 个染色体,另一组为 11+X 个染色体。

4. 末期 I (telophase I , T I)　染色体到达两极后逐步解螺旋,核模、核仁重新出现,细胞质同时进行分裂,形成 2 个次级精母细胞。

减数第 2 次分裂各期染色体形态结构特征　生殖细胞第 2 次成熟分裂包括前期 II 、中期 II 、后期 II 和末期 II 4 个时期。经过此分裂期,次级精母细胞转变形成精细胞。

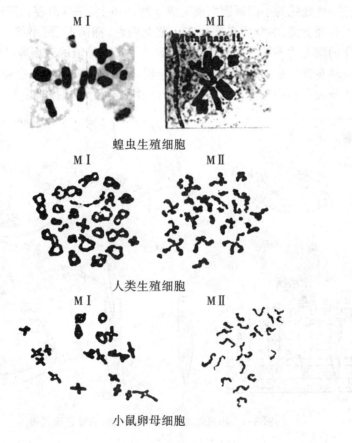

图 8-3　几种生殖细胞减数分裂中期染色体形态

1. 间期(interphase)　减数分裂 I 和减数分裂 II 之间的间期很短,无 DNA 复制。有些生物甚至没有这个间期,由末期 I 直接转为前期 II 。

2. 前期 II (prophase II , P II)　较短暂。染色体形态与后期 I 相似,不易鉴别。

3. 中期 II (mataphase II , M II)　二分体染色体排列于细胞中部,形态与有丝分裂染色体相似。

4. 后期 II (anaphase II , A II)　2 条染色单体分开,移向细胞两极。

5. 末期 II (telophase II , T II)　到达两极的染色单体解螺旋,核膜、核仁出现,经过胞质分裂,每个次级精母细胞形成 2 个精细胞。减数分裂过程完成。

二、小鼠睾丸生殖细胞减数分裂标本制备

1. 准备　取雄性小白鼠,于课前 4 h 腹腔注射秋水仙素溶液,秋水仙素的剂量为4.0 mg/kg。

2. 处死　采取颈椎脱臼处死法。

3. 取材　把处死的小白鼠腹面朝上放于解剖板上,暴露腹腔。把覆盖在盆腔上面的脂肪用镊子轻轻上提,睾丸便暴露出来。睾丸白色,椭圆形,用小剪刀剪下并分离系膜。把分离干净的睾丸放于盛有 2 mL 0.075 mol/L KCl 低渗液的小培养皿中,剪成数块,再用镊子夹住材料在低渗液中涮几下,使成混悬液。用吸管将混悬液移到离心管中(不要把睾丸组织块吸入离心管),加低渗液至 5 mL。图 8-4 为小鼠睾丸处理、悬液制备、低渗等示意图。

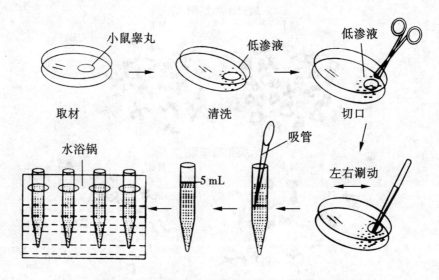

图 8-4　小鼠睾丸处理、悬液制备、低渗等示意图

4. 低渗　在上述离心管中,用吸管吸打均匀,置 37 ℃恒温水浴锅中,低渗 30 min。低渗可使细胞膨胀和染色体分散铺展。

5. 固定　低渗后,取出离心管放于天平上配平,然后离心,1 000 r/min,10 min,弃上清液,加新鲜固定液[V(甲醇)∶V(冰醋酸)=3∶1]5 mL,吹打混匀,室温静置 30 min。然后离心,弃上清液,重复固定 2 次。

6. 制片　最后 1 次离心后,吸去上清液,留下含有细胞的固定液 0.3 ~ 0.5 mL,用吸管吹打使细胞分散。吸取该细胞悬液,滴 2 ~ 3 滴于清洁冰玻片上,火焰干燥或吹干。

7. 染色　将已干的标本片放于 Giemsa 染液中(Giemsa 原液∶pH 6.8 磷酸缓冲液=1∶10),染色 5 ~ 10 min,自来水冲洗,自然干燥或吹干。

8. 观察　小鼠 2 倍体细胞为 40 条染色体。性染色体 XY 型。镜下可见处于减数分

裂各期不同染色体形态的细胞。

小鼠生殖细胞各期的形态与蝗虫类相同,但小鼠染色体较大,配对时 X 染色体和 Y 染色体的一端互相靠拢,在端部联会。

【思考题】

1. 减数分裂意义何在? 为什么说它是三大遗传规律的细胞学基础?

2. 减数分裂过程中,染色体数目的减半发生在哪个时期?

3. 比较有丝分裂和减数分裂的异同点。

【实验报告】

绘制生殖细胞减数分裂的前期 I 中的双线期、终变期和中期 I、中期 II 的图像。

（封青川）

实验九 小鼠骨髓细胞染色体制备与观察

【英文概述】

All of the *Mus musculus* subspecies have the same "standard karyotype" with 20 pairs of chromosomes, including 19 autosomal pairs and the X and Y sex chromosomes. Painter first established the correct chromosome number in 1928. Surprisingly, all of the 19 autosomes as well as the X chromosome appear to be telocentric, with a centromere at one end and a telomere at the other. This uniformity in chromosome morphology makes the task of individual chromosome identification much more difficult than human chromosome karyotypes. Nevertheless, trained individuals can distinguish chromosomes on the basis of reproducible banding patterns that are accentuated with the use of various staining protocols (G, R, Q, and T banding). In general, all of these different protocols produce the same pattern of bands and interbands observed with Giemsa staining, although in some cases, the dark and light regions are reversed…

【实验目的】

1.初步掌握小鼠骨髓细胞染色体的制备方法。
2.初步掌握光学显微镜下小鼠染色体的形态特征。

【实验原理】

外周血淋巴细胞、体外培养的组织细胞及小鼠骨髓细胞等都是进行染色体形态和结构分析的常用材料。以小鼠骨髓细胞为染色体标本制备和研究对象,可直接将秋水仙素溶液注入动物体内,以抑制细胞纺锤丝的形成,积累大量的中期骨髓细胞供研究观察。

小鼠骨髓取材方便,操作简单,被广泛应用于疾病染色体形态、结构的研究与观察中,如白血病等。另外,小鼠因体积小、饲养方便,成为许多实验研究的常用动物。

【实验准备】

器材　解剖板、剪刀、镊子、吸管、离心管、注射器、离心机、水浴锅、预冷载玻片等。

试剂　200 mg/L 秋水仙素、0.075 mol/L 低渗液、甲醇、冰醋酸、pH 值为 6.8 的磷酸缓冲液、Giemsa 原液、生理盐水。

材料　小白鼠。

【实验内容】

一、小鼠骨髓细胞染色体制备

1. 注射秋水仙素　选择体重在 18 ~ 20 g 的健康小鼠,在实验前 2 ~ 3 h 于腹腔注射 200 mg/L 秋水仙素(注射剂量 2 ~ 4 μg/g)。

2. 取材　用颈椎脱臼法处死小鼠,将其置于解剖板上,剪开后肢皮肤和肌肉,取出完整的股骨(从髋关节至膝关节),然后剔除肌肉、肌腱,用生理盐水冲洗干净。

3. 收集骨髓细胞　小心剪去股骨两头,以露出骨髓腔为准,用注射器吸取 37 ℃水浴锅中预温的低渗液 1 ~ 2 mL,安上针头,小心将低渗液打入骨髓腔中,反复冲洗骨髓细胞,并收集于离心管中,直至骨髓腔发白为止,然后用吸管轻轻吹打骨髓细胞使其分散(图 9 - 1)。

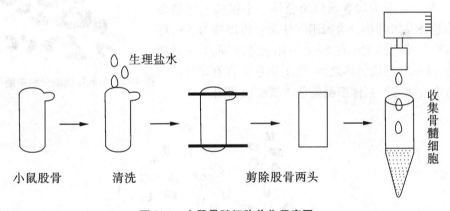

生理盐水

收集骨髓细胞

小鼠股骨　　　清洗　　　　剪除股骨两头

图 9 - 1　小鼠骨髓细胞收集示意图

4. 低渗处理　加入 37 ℃预温的低渗液至 5 mL,用吸管轻轻吹打均匀,在离心管上记上标号,置 37 ℃恒温水浴锅中,保温 30 ~ 40 min 后取出。

5. 预固定　加入 1 mL 新配制的固定液[V(甲醇):V(冰醋酸)= 3:1],用吸管轻轻吹打混匀,配平,以 800 ~ 1 000 r/min 离心 10 min。

6. 固定　弃去上清液,留下沉淀物,加入固定液 5 mL,用吸管吹打混匀,室温放置 30 min,配平,离心。

7. 再固定　方法同 6,因学时有限,此项可省略。

8. 制备细胞悬液　弃去上清液,留下沉淀物,加入新配制的固定液 0.2 ~ 0.5 mL(视细胞多少而定),混匀,制成细胞悬液。

9. 制片　用吸管吸取细胞悬液少许,滴在清洁预冷的载玻片上,每张玻片滴 2 ~ 3 滴(不要重叠),然后顺玻片斜面用口轻轻吹散,晾干或酒精灯火焰干燥(注意:不可离火焰太近)。

10. 染色　用 Giemsa 原液和磷酸缓冲液(pH 6.8)按体积比 1:10 配成 Giemsa 染液,

在玻片标本上滴几滴 Giemsa 染液铺匀。染色约 10 min,倒去染液,用自来水缓缓冲洗干净,晾干。

二、小鼠骨髓细胞染色体观察

将标本细胞面朝上,置于低倍镜下观察,可见有较大的圆形的间期细胞核。寻找染色体分散较好的中期分裂象,移至视野中央,然后转换油镜观察。

1. 细胞中染色体的计数 为了避免计数时重复和遗漏,在计数前应先按该细胞的染色体自然分布状态,大致分为几个区域,然后按顺序数出各区染色体的实际数目,最后加在一起,即为该细胞染色体的总数;小鼠二倍体细胞染色体数目,2n=40(图9-2)。

2. 染色体形态特征观察 小鼠染色体形态一般呈"U"或"V"形,都为端着丝粒染色体。小鼠染色体核型按照染色体从大到小分为四组。性染色体雄性为XY,雌性为XX,X染色体大小在 5~6 号染色体之间,Y染色体最小在 19~20 号染色体之间,且Y染色体含有短臂。图9-3 为正常雌性小鼠体细胞染色体核型示意图。

图9-2 小鼠体细胞分裂中期染色体

I
1   2   3   4   5

II
6   7   8   9   10

III
11   12   13   14   15

IV
16   17   18   19   XX

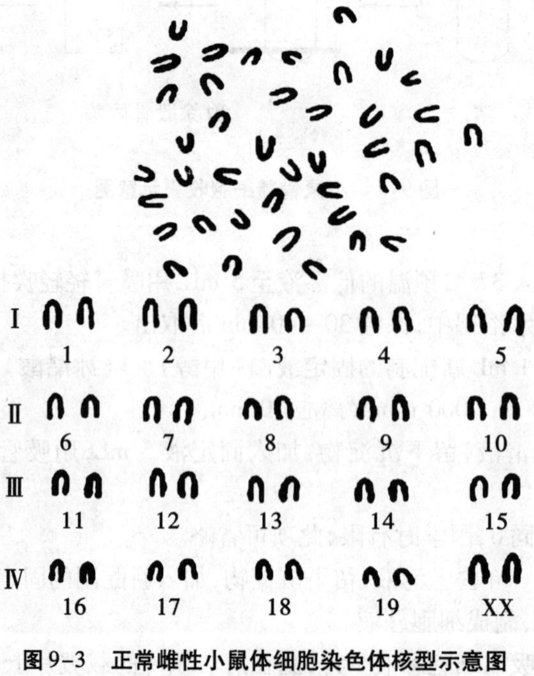

图9-3 正常雌性小鼠体细胞染色体核型示意图

三、G 显带小鼠染色体核型

由于小鼠的 1~19 号常染色体及 X 染色体都属于端着丝粒类型,因此几乎无法对常规 Giemsa 染色的小鼠染色体进行核型分析,直到显带技术问世后,才使此难题得以解决。图 9-4 是正常雄性小鼠体细胞染色体 G 显带核型。图 9-5 是正常雄性小鼠染色体组 G 显带模式图。

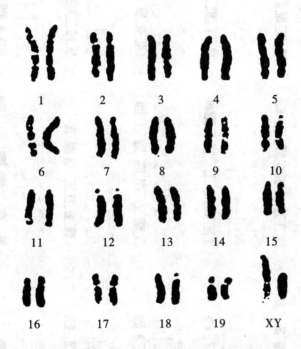

图 9-4　正常雄性小鼠体细胞染色体 G 显带核型

【实验报告】

1.用简明图解方法表示小鼠骨髓细胞染色体制作过程。

2.绘制小鼠骨髓细胞的染色体简图。

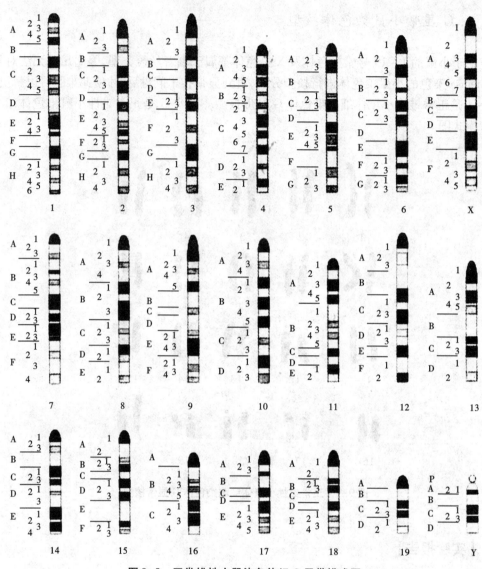

图9-5 正常雄性小鼠染色体组 G 显带模式图

（引自 www. pathology. washington. edu//.../mouse）

（封青川　郑　红）

实验十 细胞原代培养

【英文概述】

Assume all cultures are hazardous since they may harbor latent viruses or other organisms that are uncharacterized. The following safety precautions should also be observed:

* use pipette aids to prevent ingestion and keep aerosols down to a minimum

* wash hands after handling cultures and before leaving the lab

* decontaminate work surfaces with disinfectant (before and after)

* use aseptic technique, use biological safety cabinet when working with hazardous organisms. The cabinet protects worker by preventing airborne cells and viruses released during experimental activity from escaping the cabinet; there is an air barrier at the front opening and exhaust air is filtered with a HEPA filter make sure cabinet is not overloaded and leave exhaust grills in the front and the back clear (helps to maintain a uniform airflow)

* autoclave all waste and dispose of all liquid waste after each experiment and treat with bleach.

【实验目的】

1. 了解细胞原代培养的基本方法和无菌操作技术。
2. 初步掌握体外培养细胞的形态变化特征和生长特点。

【实验原理】

细胞培养(cell culture)是从生物体中取出某种器官、组织或细胞,在体外模拟体内生理条件对其进行培养使之生长和繁殖的技术方法。细胞培养分为原代培养(primary culture)和传代培养(secondary culture)。原代培养是指直接从机体内取材后所进行的首次培养。传代培养是指原代细胞增殖到一定密度后,经处理,以1:2的比例分散转移到其他培养瓶中继续的扩大培养,传代培养的累积次数即细胞的代数。不同动物或人体细胞体外培养的时间长短不同,即各有一定存活期限,但当细胞在传代过程中发生特异性转变时可无限期传代培养,如中国仓鼠卵巢细胞(CHO)。

细胞培养是一种复杂、条件要求严格的实验技术,细胞的生长过程受到温度、渗透压、pH、无机盐、营养物质、生长因子等诸多因素的影响。因此,细胞培养所需的一切器皿、试剂、实验材料等都要严格按规范进行刷洗、消毒。无菌操作的严格与否是细胞培养成败的关键。

【实验准备】

器材 解剖剪、解剖镊、眼科镊、眼科剪、培养瓶、培养皿、移液管、吸管、离心管、烧杯、酒精灯、记号笔、恒温培养箱、倒置相差显微镜、超净工作台等。

试剂 pH值为7.2的磷酸缓冲液(PBS)、PBS溶液、Hank's液、RPMI 1640培养液、2.5 g/L胰蛋白酶、75 g/L碳酸氢钠、5 g/L酚红、体积分数0.2%的新洁尔灭等。

材料 胎鼠、新生乳鼠、中国仓鼠卵巢细胞(CHO)或Hela细胞。

【实验内容】

一、实验预备

1. 器皿消毒 主要包括清水浸泡、洗刷、酸浸、冲洗、高压消毒等过程,由教师预先完成。

2. 超净台消毒 实验前30 min将超净工作台用体积分数0.2%的新洁尔灭擦拭,然后用紫外灯照射消毒20～25 min。关闭紫外灯后,打开风机,使工作台内保持无菌环境。注意避免培养细胞和培养液等受紫外线照射。

3. 洗手 实验前将两手洗净,用体积分数0.2%的新洁尔灭或体积分数75%的乙醇认真擦拭,必要时可一直清洗擦拭到肘部。

二、操作与观察

1. 动物处理 将处死后的新生乳鼠浸入盛有75%乙醇的烧杯中2～3 s(注意:浸泡时间不能过长,以免乙醇从口和肛门浸入体内,影响培养),此过程在超净工作台外完成。

2. 取材 取1只处理过的乳鼠放入超净工作台内的培养皿中,用消毒过的解剖剪剪开腹腔和胸腔,将粉红色的肺组织取出放入另一只培养皿中,除去其他连带组织,用消过毒的吸管小心吸取PBS溶液漂洗肺组织3次,每次1～2 mL,洗去血污,将废液弃于废液杯中。

3. 组织分离 用眼科剪将肺组织细切成$0.5～1.0 \text{ mm}^3$的小块后,加入PBS 1～2 mL,另取1只吸管前端反复吹打清洗组织块儿3次,弃废液。图10-1为细胞原代培养取材、漂洗、细切及悬液制备等过程示意图。

4. 接种 用吸管加2滴小牛血清,小心地用弯头吸管前端将组织块轻轻吹打均匀制成悬液,然后仍用吸管前端吸取组织悬液,将其均匀地(组织块之间相距约0.5 cm)接种在培养瓶底壁上;每个25 mL的培养瓶中可接种20块左右。

5. 培养 将培养瓶慢慢翻转,使瓶底向上,加入1～2 mL培养液,拧紧瓶盖,做好标记,置37 ℃恒温箱中培养1～2 h,待组织块略干燥能牢固贴于瓶壁上后,再缓慢翻转培养瓶(尽量注意不要使组织块漂浮起来),另加入培养液2 mL左右使其能覆盖组织块,将瓶盖调整在略微松弛状态,继续置37 ℃恒温箱静放培养。图10-2为细胞原代培养组织块接种、干燥等过程示意图(注意操作时应保持培养瓶为45°倾斜状态)。

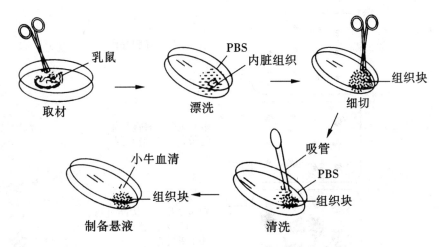

图 10-1　细胞原代培养取材、漂洗、细切及悬液制备示意图

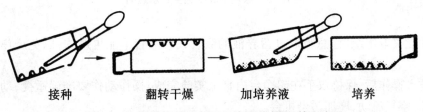

图 10-2　细胞原代培养组织块接种、干燥等示意图

　　6.观察　3 天后开始对接种培养的细胞进行常规检查:将培养瓶轻轻置于倒置相差显微镜下,观察其是否有污染? 细胞生长状态如何? 是否有细胞从组织块 4 周移出,最终形成单层培养组织? (注意:因组织块经反复剪切后会受到一定损伤,所以,并非所有组织块都具有生长能力)原代培养通常在进入培养后有一段潜伏期,从数小时到数 10 天不等,潜伏期的细胞一般不分裂,但可贴壁和游走,过了潜伏期后细胞进入旺盛的分裂生长期。如果无污染且细胞生长良好,可见培养液颜色由原来的橘红色变成黄色。此时可补加或更换培养液。10～15 天后可长成致密单层细胞。这时可进行传代培养。图 10-3 为原代培养细胞生长示意图。

【注意事项】

1.自取材开始,保持所有组织细胞处于无菌条件。细胞计数可在有菌环境中进行。

2.在超净台中,组织细胞、培养液等不能暴露过久,以免溶液蒸发。

3.凡在超净台外操作的步骤,各器皿需用盖子或橡皮塞,以防止细菌落入。

4.操作前要洗手,进入超净台后要用 75% 乙醇或 0.2% 新洁尔灭擦拭双手。

5.工作台面上用品要布局合理,如图 10-4 所示。

6.点燃酒精灯,实验操作要在火焰附近进行。

7.耐热物品要经常在火焰上进行烧灼,但金属器械烧灼时间不能太长,以免退火,并

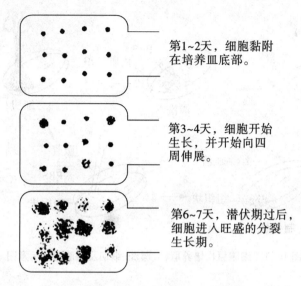

第1~2天，细胞黏附在培养皿底部。

第3~4天，细胞开始生长，并开始向四周伸展。

第6~7天，潜伏期过后，细胞进入旺盛的分裂生长期。

图10-3 原代培养细胞生长示意图

冷却后才能夹取组织(注意吸取过营养液的吸管或移液管不能再烧灼,以免烧焦形成碳膜)。

8.进入操作后,保持双手在超净台内直至实验完成,操作动作要准确敏捷,动作幅度要小,以防空气流动,增加污染机会。

9.不能用手触动已消毒器皿的工作部分。培养瓶等开口后要尽量保持45°倾斜状态。

10.吸溶液的吸管等不能混用,以免交叉污染。

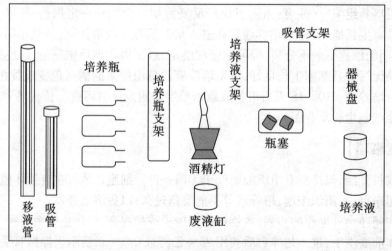

图10-4 超净台内培养用品布局示意图

【实验报告】

1. 记录整个实验过程和细胞生长情况。
2. 讨论整个实验过程的注意事项。

（封青川）

实验十一 细胞融合和染色体提前凝集(PCC)技术

【英文概述】

Cell fusion: the melding of two or more cells into one cell called aheterokaryon. Cell fusion has played an important role in gene mapping ,analysis of chromosome, cellular immunity (hybridoma formation) and breeding of new variety.

When a mitotic cell is fused with an interphase cell, factors present in the mitotic cytoplasm induce breakdown of the nucleus and reorganization of the interphase chromatin into-prematurely condensed chromosomes (PCC). The morphology of PCC indicates the position of a cell in the cell cycle at the time of fusion.

Cell fusion is the process that two or more cells meld into one cell. Generally speaking, two cells don't fuse when they contact to each other. Every cell has its own intact cell membrane. But effected by specific revulsant, the cell membrane will change and two or more cells will congregate and fuse. Cell fusion has played an important role in gene mapping, analysis of chromosome, cellular immunity (hybridoma formation) and breeding of new variety.

【实验目的】

1. 熟悉细胞融合技术的基本原理与应用。
2. 了解染色体提前凝集标本的制备原理与方法。
3. 了解间期细胞三种时相提前凝集染色体的特点。

【实验原理】

细胞融合(cell fusion)是指在自然条件下或用人工方法使 2 个或 2 个以上的细胞合并形成 1 个细胞的过程。一般情况下,2 个细胞接触并不发生融合,因为各自存在完整的细胞膜,在特殊融合诱导剂的作用下,细胞膜会发生一定变化,促使 2 个或 2 个以上的细胞聚集、融合。细胞融合实验采用的方法主要有:生物诱导剂,如灭活的仙台病毒;化学诱导剂,如聚乙二醇(polyethylene glycol,PEG);物理方法,主要用高压脉冲引起细胞融合。目前,细胞融合技术已成为细胞遗传学(如基因定位、染色体分析等)、细胞免疫(单克隆抗体等)、肿瘤和新品种培育等方面的重要研究手段之一。

在间期细胞中,遗传物质以染色质形式存在,看不到分裂期(M 期)才出现的染色体。20 世纪 70 年代初,由于发现 M 期细胞内有某种促进染色体凝集因子(M 期促进因子,MPF),在细胞融合和染色体技术的基础上,建立了制备染色体提前凝集标本的方法。即让 M 期细胞与间期细胞融合,从而诱导间期细胞染色质提前浓缩成染色体,形成的这种染色体称提前凝集的染色体(prematurely condensed chromosome,PCC)。这项技术已应用于细胞周期分析、正常细胞和肿瘤细胞染色体的微细结构的研究、多种因素作用细胞使染色体损伤及修复效应的研究,预测某种血液病的病程、愈后及复发的临床实践等方面。

【实验准备】

器材　水浴锅、离心机、普通显微镜、吸管、离心管、血球计数板、载玻片、盖玻片、酒精灯、试管架、记号笔、CO_2培养箱、培养瓶、滤纸等。

试剂　50% PEG(聚乙二醇)、Hank's液(pH值7.4)、RRMI 1640培养基(含体积分数10%的灭活胎牛血清,pH值7.4)、2.5 g/L胰蛋白酶、秋水仙素(10 mg/L)、0.075 KCl低渗液、Carnoy固定液、PBS、Giemsa染液、次甲基蓝染液等。

材料　中国仓鼠卵巢癌细胞(CHO)或人成纤维细胞等。

【实验内容】

一、细胞融合的诱导与观察

(一)细胞悬液制备

1. 取1瓶已生长成单层的CHO细胞,将瓶内培养液倒掉,吸取5 mL PBS液加入培养瓶中,轻轻振荡后倾去,重复1次。

2. 加入6~8滴2.5 g/L胰蛋白酶,转动培养瓶使其湿润整个细胞层,置室温下消化2~3 min。翻转培养瓶,肉眼观察细胞单层,待单层出现针孔大小空隙时,加入原培养液终止消化,用吸管吹打制成细胞悬液。

(二)离心

将细胞悬液移入离心管中,1 000 r/min离心8 min,倾去上清液,加入8 mL Hank's液(pH 7.4),用吸管吹打混匀沉淀物,制成细胞悬液。离心5 min (1 500 r/min),弃上清液。

(三)细胞融合

1. 制备50% PEG　称PEG 8 g放入烧杯内,在酒精灯上溶化,加等体积Hank's液8 mL,置37 ℃水浴溶化待用。

2. 加PEG　1 min内加10滴37 ℃预热的50% PEG于离心管中,边加边混匀(最好滴在细胞团上),静止1 min。

3. 终止PEG作用　快速加Hank's液4 mL,混匀,10 min后再加Hank's液4 mL,吹打混匀,离心(1 500 r/min) 5 min。

(四)收获

1. 低渗　弃上清液,加9 mL预热的0.075 mol/L KCl低渗液,混匀,37 ℃水浴中放置

5 min。

2. 预固定　加 1 mL 固定液,吹打混匀,离心 (1 500 r/min) 5 min。

3. 固定　弃上清液,加 9 mL 固定液,轻轻吹打,在室温下放置 10 min,离心 5 min,弃上清液,留 0.2 mL 固定液。

4. 滴片　残留液混匀,滴片,风干,用 Giemsa 液染色 3 min,风干镜检。

(五) 观察结果

在显微镜下观察细胞融合过程,细胞融合过程通常分为 5 个阶段:

1. 两个细胞的细胞膜之间相互接触、粘连;

2. 接触部位的细胞膜溃破;

3. 两细胞的细胞质相通,形成细胞质通道;

4. 通道扩大,两个细胞连成一体;

5. 细胞质合并完成,形成 1 个含有两个或多个核的圆形细胞(图 11-1)。

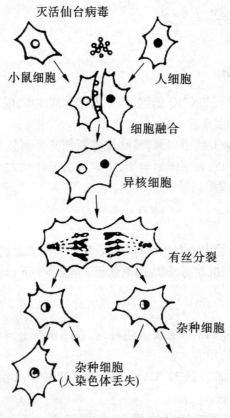

图 11-1　细胞融合示意图

由于处于间期不同时相的细胞均能与 M 期细胞融合而被诱导产生 PCC,因此有 3 种不同形态特点的提前凝集染色体:G_1 期 PCC、S 期 PCC 和 G_2 期 PCC。其形态特点分别是:

1. G_1 期 PCC　此期 DNA 尚未复制,随着 G_1 期染色质解螺旋的发展,凝集的染色体为单线,细长,着色浅呈蓬松的线团状。

早 G_1 期 PCC　为扭曲的单线染色体,较粗短。

晚 G_1 期 PCC　为细长并且着色浅的单线染色体,缠绕成团状。

2. S 期 PCC　由于 S 期正进行 DNA 复制,DNA 处于高度的解螺旋状态。此期的 PCC 的形态依据 DNA 复制是否完成而有所不同。未完成 DNA 复制的染色质为细小的"粉末状"碎片;已完成复制的染色质凝集为双股并列的双线状染色体片段,在断续的片段之间不着色的空隙处则是正在进行 DNA 复制的区域。

早 S 期 PCC　为染色质的粉碎性颗粒状结构。

晚 S 期 PCC　为粉碎颗粒状结构,其中已有散在的双线染色体片段,并染色较深。

3. G_2 期 PCC　DNA 复制完毕,故可见凝集的双线染色体,但较 M 期染色体细长。

早 G_2 期 PCC　为较细长的双线染色体。

晚 G_2 期 PCC　为较粗短的双线染色体,但仍比 M 期染色体细长。

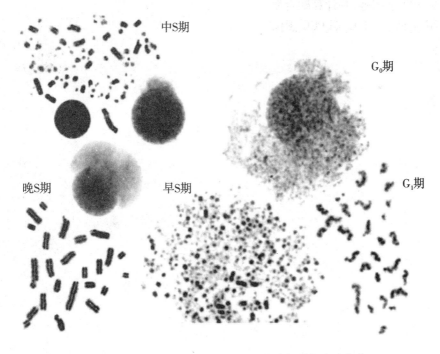

图 11-3　不同细胞周期的淋巴细胞提前凝集染色体

（引自 www. rrp. demokritos. gr∕images）

可见到早 S 期、中 S 期、晚 S 期、G_1 期和 G_0 期,G_0 期细胞核不会受到影响,不出现提前凝集染色体(图 11-3)。

【注意事项】

影响细胞融合的因素：

1. PEG 作为融合剂时，融合率的高低依 PEG 分子量和浓度的不同而有差异。实验证明，相对分子质量为 400~6 000 的各种 PEG 在 40%~60% 浓度范围内均能使细胞融合。一般来说，PEG 的分子量和浓度越大，其融合率越高，但其细胞毒性和黏度也随之增大。所以，在 PEG 浓度为 40%、45% 和 50% 时，以 PEG 1 000 的融合效率最佳；而当浓度增大至 55% 和 60% 时，则转变为 PEG 400 最好。若将两者相比，仍以浓度 50% 的 PEG 1 000 的融合率居高，且残留培养液稀释而至融合率的影响最小。此即大多采用浓度 50% 的 PEG 1 000 或 PEG 500 作为融合剂的主要原因。

2. 必须严格控制 PEG 处理的时间，PEG 处理以 2~3 min 为宜。

3. 聚乙二醇与二甲基亚砜(DMSO)并用，可提高融合效率。

4. 在高 pH 8.0~8.2 和高 Ca^{2+}(1.27~1.80 mol/L)条件下可提高融合率。

【实验报告】

1. 计数 100 个细胞，并计算融合率。

2. 绘制 G_1 期、S 期、G_2 期 PCC 图像。

（陈　辉）

实验十二　细胞的冻存与复苏

【英文概述】

Cryogenic preservation (storage below−100 ℃) of cell cultures is widely used to maintain backups or reserves of cells without the associated effort and expense of feeding and caring for them. The principle of the freezing and recovery process is slow freezing and fast melting.

The success of the freezing process depends on four critical areas：

1. Proper handling and gentle harvesting of the cultures.

2. Correct use of the cryoprotective agent.

3. A controlled rate of freezing.

4. Storage under proper cryogenic conditions.

【实验目的】

1. 了解细胞冻存与复苏的基本原理。

2. 掌握体外培养细胞的液氮冻存与复苏技术。

【实验原理】

冻存细胞时要缓慢冷冻。因为细胞在不加任何保护剂的情况下直接冻存,细胞内外的水分会很快形成冰晶,并且随着冰晶数量的增多,会导致细胞脱水及渗透压增高等后果,从而造成细胞的损伤。目前,细胞冻存多采用甘油或二甲基亚砜作为保护剂,这两种物质在低温冷冻后对细胞均无明显毒性,并且分子量小,溶解度大,易穿透细胞,可使冰点下降,提高细胞膜对水的通透性;加上缓慢冻存可使细胞内的水分渗出细胞外,在胞外形成冰晶,减少细胞内冰晶的形成,从而减少由于冰晶形成所造成的细胞损伤。

复苏细胞与冻存的要求相反,应采用快速融化的手段。这样可保证细胞外冰晶在很短的时间内融化,并避免由于缓慢融化使水分渗入细胞内形成胞内再结晶对细胞造成损害。

【实验准备】

器材　培养瓶、移液管、吸管、离心管、冻存管或安瓿、血细胞计数器、烧杯、酒精灯、记号笔、CO_2恒温培养箱、喷灯、倒置显微镜、超净工作台、离心机、小布袋等。

试剂　磷酸缓冲液(PBS)、Hank's液、RRMI 1640 培养基、2.5 g/L 胰蛋白酶、DMSO(分析纯)或无色新鲜甘油(高压蒸汽消毒)、胎牛血清等。

材料　中国仓鼠卵巢癌细胞(CHO)、Hela 细胞或其他癌细胞。

【实验内容】

一、培养细胞的冻存

1. 准备 ①细胞冻存液的配制 在含体积分数 10% ~ 20% 胎牛血清的 RRMI 1640 培养基中加入二甲基亚砜,使其终浓度为 10%(或者加入灭菌甘油使其终浓度为 5%)。②细胞的准备 从增殖期到形成致密的单层细胞以前的培养细胞都可用于冻存,但最好选择对数生长期细胞,已经长满的细胞冻存复苏后生存率降低。在冻存前一天最好换一次培养液。

2. 消化 将细胞培养瓶从 37 ℃ 培养箱中取出,在无菌环境下倒去培养基,加入 2.5 g/L 胰蛋白酶 1 mL,使其湿润整个瓶底,在室温下消化 2 ~ 3 min,待单层出现空隙时倒去胰蛋白酶,再加入 4 mL 培养液,用吸管将细胞吹打混匀成细胞悬液。

3. 离心 在无菌状态下,将细胞悬液移入无菌的带盖离心管中,放入离心机中以转速 1 000 rpm/min 离心 5 min。

4. 加冻存液 弃上清液,加入 1 mL 冻存培养液,用吸管吹打混匀制成细胞悬液。

5. 细胞计数 吸取少量细胞悬液进行细胞计数,将细胞的浓度用冻存培养液调整到 $5 \times 10^6/mL \sim 1 \times 10^7/mL$。因为细胞密度对冻存和融化时细胞的活力有显著影响,细胞密度低时失活较显著。

6. 分装 将细胞悬液分装入无菌冻存管中或安瓿中,每只安瓿或冻存管加液 1 ~ 1.5 mL。

7. 密封 用火焰将安瓿熔封。熔封时必须保证安瓿完全封闭,同时注意不要使安瓿内细胞悬液的温度升高。冻存管必须旋紧,确保密封。

8. 标记 冻存管和安瓿上写明细胞的名称、冻存时间等信息。

9. 冻存 将冻存管或安瓿装入小布袋中,用棉线扎紧,挂上标签,然后放入 4 ℃ 冰箱中处理。2 h 后从冰箱中取出布袋,悬吊于液氮罐口的气相液氮中放置 2 h,然后将装有冻存管或安瓿的布袋移入液氮罐的吊筒中,迅速浸入液氮(-196 ℃)中。

二、培养细胞的复苏

1. 解冻 佩戴防护眼镜和手套,从液氮罐中迅速取出安瓿或冷冻管立即投入盛有 37 ℃ 温水的容器中,同时用手快速摇动安瓿或冷冻管使所含细胞悬液迅速融化,整个过程要求在 20 ~ 60 min 内完成,使细胞能快速通过对细胞特别有害的 -5 ℃ ~ 0 ℃。

2. 转移细胞 将安瓿或冷冻管从温水中取出,揩干水分,用体积分数 75% 乙醇消毒后移入超净工作台中,在无菌条件下打开安瓿或冷冻管,用吸管吸取所含的细胞悬液,移入无菌离心管中,再加入 3 mL 培养液,盖上盖子轻轻混匀。

3. 离心 将离心管放入离心机,以 1 000 r/min 离心 8 min,使细胞沉淀,然后倒去含有二甲基亚砜或甘油的上清液。

4. 再离心　往管中加入 4 mL 培养液,混匀后 1 000 r/min 离心 8 min,倾去上清液,重复洗涤细胞 1 次。

5. 加培养液　离心管中加入 1 mL 培养液,混匀后将细胞悬液移入培养瓶中,再用 1 mL 培养液冲洗离心管中残留的细胞,并将冲洗液转入培养瓶中。

6. 培养　往培养瓶中添加 2 mL 培养基,置 37 ℃培养箱静置培养,次日更换 1 次培养液,继续培养,并观察生长情况。若复苏时细胞密度较高,要及时传代。

【注意事项】

1. 要做好冻存记录(如细胞名称、日期、罐中位置等)。

2. 操作时要戴手套,以免皮肤接触液氮而冻伤。

3. 液氮罐要有专人负责,及时、定期补充液氮。

4. 对安瓿口熔封时,要用镊子夹住安瓿颈以避免安瓿内细胞悬液温度升高。

5. 安瓿一定要熔封严密,如果安瓿熔封不完全,在冻存过程中液氮可进入安瓿,取出时则可因温度上升导致液氮急速汽化而发生安瓿爆炸。

6. 在细胞复苏操作时,应注意溶化冻存细胞速度要快,可不时摇动安瓿或冷冻管,使之尽快通过最易受损的温度段。这样复苏的冻存细胞存活率高,生长及形态良好。然而,由于冻存的细胞还受其他因素的影响,有时也会有部分细胞死亡。此时,可将不贴壁、漂浮在培养液上(已死亡)的细胞轻轻倒掉,再补以适量的新培养液,也会获得较为满意的结果。

7. 如果冻存管或安瓿密闭不严,在冻存过程中液氮可进入安瓿,取出时则可因温度上升导致液氮急速汽化而发生爆炸,飞溅的玻璃碎片可伤害面部等身体部位,因此,存取冻存管或安瓿时都要佩戴防护眼镜和手套。

8. 为保证冻存效果,选择最佳的降温程序和速度也很重要。目前多采用分段降温法,即利用不同温级的冰箱或液氮储存罐,将活细胞在不同的温度段分段降温冷却,例如从室温降至 4 ℃,再依次降至 -40 ℃、-80 ℃、-196 ℃(在各温度段维持时间视细胞的类型而定),一般以每分钟下降 1 ~ 10 ℃的速度可得到良好的效果。

【实验报告】

1. 冻存细胞时需要注意哪些事项?

2. 二甲基亚砜的作用是什么?

3. 从液氮罐中取出安瓿时为什么要佩戴防护眼镜与手套?

4. 冻存复苏细胞的原则是什么?

(陈　辉　李晓文)

第二部分

医学遗传学实验

实验十三 人类性染色质标本的制作与观察

【英文概述】

The method of sex chromatin observation is the way to evaluate the number of X body or Y body in body cell at interphase. It is easy to take mucous membrane cell in the mouth, hair follicle cell, amniotic fluid cell orchorionic cell, then stain and observe and make the judge according to the number of X body or Y body. This method can be used as evidence for sex determination and disorder of sex chromosome.

X body, or Barr body, has a diameter of $1 \sim 1.5$ μm, and has a shape of triangle. According to Lyon hypothesis, the somatic cells of normal diploid female mammals have two X chromosomes but only one X chromosome active in each cell, and the other X chromosome becomes transcriptionally inactive. Evidence suggests that the single active X is derived for most tissues by a process of random inactivation of either the paternal or maternal X and that once the process is initiated, the inactivated state of that X chromosome is maintained throng successive cell division.

【实验目的】

1. 了解 X 染色质和 Y 染色质的不同检测方法及其意义。
2. 了解 X 染色质和 Y 染色质的形态特点。
3. 初步掌握镜下 X 染色质和 Y 染色质的识别方法。

【实验原理】

人类性染色质(sex chromatin body)是在间期细胞核中染色体的异染色质部分显示出

来的一种特殊结构。人类性染色体有 X 和 Y 两种,所以,性染色质也有 X 染色质和 Y 染色质。根据 Lyon 假说,人类间期细胞的 X 染色质通常只有 1 条具有转录活性,女性多余的 X 染色质将形成三角形或半圆形异固缩染色质块(X 小体)存在于细胞核边缘,经过特殊的染色,可在显微镜下看到这一结构,每个 X 小体表示 1 个处于固缩状态的 X 染色体,正常女性间期细胞可见到 1 个 X 小体,正常男性间期细胞无此小体。男性间期细胞核中,经过特殊方法染色后在荧光显微镜下,可见核内有 1 个约 0.3 μm 大小的荧光小体,此为 Y 染色体长臂末端被荧光染料着色而成,称为 Y 染色质,正常女性细胞无 Y 染色体,故见不到此结构。据此,通过口腔上皮细胞、羊水细胞等间期细胞的性染色质检查,可判断个体的核性别。此方法快捷、简便,在临床上可作为性别异常疾病的一种辅助诊断。

【实验准备】

器材　压舌板、染色缸、显微镜、牙签、载玻片、盖玻片、镊子、刀片、滴管、擦镜纸、荧光显微镜等。

试剂　乙醇、体积分数 5 N 盐酸、甲醇、冰乙酸、硫堇染料、乙醚、香柏油、甲醇冰乙酸固定液、40% 乙酸、0.5% 盐酸喹吖因染液、体积分数 95% 乙醇、蒸馏水、指甲油或市售橡胶水等。

材料　女性口腔黏膜上皮或发根。男性口腔黏膜上皮或发根,外周血细胞。

【实验内容】

一、X 染色质的制备与观察

女性发根毛囊细胞制片

1. 取材　取 2～3 根头发,必须带有完整的毛囊组织,将发根置于一干净的载玻片中央。

2. 软化与涂片　加 1 滴体积分数 40% 醋酸软化毛囊,5～10 min 后用刀片轻轻刮下毛囊,弃去发干,以刀尖撕碎毛囊分离细胞,涂片 1 cm² 大小,在酒精灯上远火烘干。

3. 固定　然后在载玻片上直接加 2～3 滴固定液固定约 15 min,并让其自行挥发晾干。

4. 水解　把标本浸入 5 N HCl 水解 10 min。取出后用自来水冲洗 2 min,待稍干后进行染色。

5. 染色　在涂片处加数滴硫堇染液,染色 10～15 min,再用自来水冲洗,晾干,镜检。

6. 观察与计数　将经染色的口腔黏膜细胞涂片或发根细胞涂片置于显微镜下观察,先用低倍镜观察到蓝紫色的细胞核后,再用油镜观察,这时镜下所显示的结构均为细胞核,细胞膜和细胞质因未染上色而不易见。选择较典型的可计数的细胞进行观察,X 染色质一般紧贴在核膜内缘,大小为 1～1.5 μm,染色深,常呈三角形、半圆形或馒头形,有时为菱形或其他形态,正常女性细胞 X 染色质出现率一般为 10%～30%,有的可高达

50%以上,其出现率的高低与个体不同生理状态有关。可作为 X 染色质计数的细胞鉴别标准:胞核较膨大,核膜完整无缺损,核无褶皱不重叠,核内染色质呈均匀的网状或颗粒状分布,染色深浅适中,核内无其他块状染色颗粒等(图 13-1)。

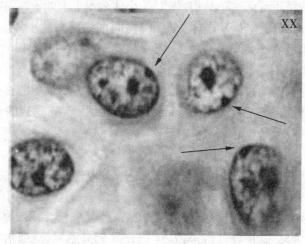

图 13-1   正常女性 X 染色质

1 个细胞中所含的 X 染色质的数目等于 X 染色体数目减 1。在性染色体异常的患者,如 X 染色体有 3 条者,则可见到 2 个 X 小体。

女性口腔黏膜细胞制片

用水漱洗口腔数次,以尽量除去口腔内细菌或其他杂物。随后,一手下拉下唇,一手用牙签钝头部或木质压舌板刮取面颊部内表面黏膜,将细胞均匀涂布于干净的载玻片上,立即将数滴固定液[V(甲醇):V(冰醋酸)= 3:1]直接滴于载玻片上固定 15 min,晾干后进行染色、观察等(同上)。

【注意事项】

1. 避开含大量细菌的区域,因为有时这些细菌会干扰 X 染色质的观察。
2. 避免与核内其他核质凝集物等混淆。凡位于核中间的浓染小体都不在计数之内。
3. 可计数的细胞必须细胞核完整、无缺损、无褶皱、染色均匀。

二、Y 染色质的制备与观察

男性口腔黏膜细胞或发根毛囊细胞制片

男性口腔黏膜细胞或发根毛囊细胞制片与上述 X 染色质标本制备相同。

男性外周血涂片 Y 小体制备

1. 制片　取 1 滴外周血制成涂片,置于体积分数 95% 乙醇中固定 15 min,晾干即可染色,此标本可显示淋巴细胞、单核和多形核白细胞的 Y 染色质。

2. 染色　将玻片标本投入 0.5% 盐酸喹吖因中染色约 6 min。

3. 分色　将玻片标本取出在蒸馏水中放置 10 min,以便将多余染料颗粒去除。

4. 封片　分色完毕,不等干燥即加 1～2 滴蒸馏水于标本上,盖上盖玻片(为避免水分蒸发,亦可在盖玻片四周涂上指甲油或橡胶水)。

5. 观察与计数　将标本放置片刻,置荧光显微镜下观察计数,Y 染色质的镜下特点是在核内出现 1 个较强的荧光亮点,闪烁如星状,直径约 0.25 μm,一般位于核的中部或核边缘部位,用高倍镜或油镜观察,室内光线较暗为好,观察时要选择细胞清晰、核大而核质疏松的细胞,注意 Y 小体与染色颗粒的区别。Y 染色质在口腔黏膜细胞的出现率一般为 20%～30%,高者可达 70%,但由于个体差异,出现率常有较大的不同(图 13-2),染色后的标本应及时镜检,一般不得超过 3 h,标本如需以后进一步观察,可置冰箱保存,观察时重新按上法染色,仍可获较好结果。

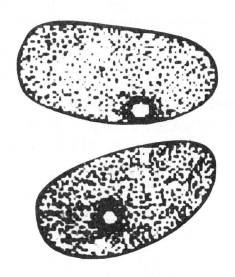

图 13-2　正常男性 Y 染色质示意图

【注意事项】

1. 染料要现用现配为好(配好后需置冰箱保存,时间不超过两周)。

2. 注意避免被观察的细胞有任何污染物质的干扰。

3. 计数细胞时,需避开那些全都发出荧光的细胞,也会看到一些细胞具有发光的荧光小点,但这类荧光小点的大小、亮度很不一致,这可能是细胞中一些常染色体的荧光带,应该注意加以区别。

【实验思考题】

1. X 染色质、Y 染色质检测有何临床意义？

2. 某患者口腔黏膜细胞检查 X 染色质和 Y 染色质均为阳性，试分析其可能具有的核型。

3. X 染色质阳性(+)、Y 染色质为阴性(−)的个体可能核型为 46,XX；X 染色质阴性而 Y 染色质为阳性的个体可能核型为 46,XY。根据表 13−1 中几例性染色质检查结果，推断受检个体可能具有的核型。

表 13−1　几例性染色质检查结果

X 染色质	Y 染色质	核型
−	−	
+	+	
++	−	
−	++	

【实验报告】

1. 绘制 2~3 个所看到的发根细胞 X 染色质图像。

2. 油镜下分析 50 个女性口腔黏膜上皮细胞，计算 X 染色质的出现率。

3. 油镜下分析 50 个男性口腔可计数的细胞，计算 Y 染色质的出现率。

（宋国英）

实验十四　人类皮肤纹理分析

【英文概述】

Dermatoglyphics is the scientific study of fingerprints. The word dermatoglyphics comes from two Greek words（derma, skin and glyphe, carve）and refers to the friction ridge formations which appear on the palms of the hands and soles of the feet. All primates have ridged skin. It can also be found on the paws of certain mammals, and on the tails of some monkey species. In humans and animals, dermatoglyphs are present on fingers, palms, toes and soles. This helps shed light on a critical period of embryogenesis, between four weeks and five months, when the architecture of the major organ systems is developing. Generally speaking, we are mainly concerned with the fingerprints, though there are glyphs to be found on the palm itself. Each fingerprint is composed of between 50 and 100 lines. Though no 2 fingerprints are exactly alike, prints can be classified into one of 4 major types: the whorl, the loop, the arch and the tented arch. There are also 2 subtypes of the whorl. The peacock looks exactly as the name suggests, like the eye on a peacock tail feather. The composite resembles a yin/yang symbol, 2 loops swirling around each other.

【实验目的】

1. 学习和掌握皮纹的印取方法。
2. 掌握指纹的主要类型、嵴线计数和掌纹的测定方法。
3. 了解皮纹分析在遗传疾病中的应用。

【实验原理】

在人类的手指、掌面、足趾、脚掌等器官的皮肤表面,分布着许多纤细的纹线,这些纹线形成的各种皮肤纹理,总称皮肤纹理,简称皮纹(dermatoglyphy)。人体皮肤由表皮和真皮构成。真皮乳头向表皮突出,形成许多整齐的乳头线,成为一条条突起的条纹,其上有汗腺开口,这些条纹称嵴线(ridge)。嵴线与嵴线之间的凹陷部分称为沟(furrow),这些凹凸的纹理就构成了各种皮纹特征。皮纹常在某些特殊部位出现,如手掌、手指和脚趾、脚掌等处。我们常以手部皮纹为研究对象。皮纹属多基因遗传,具有个体特异性和高度稳定性,一般在妊娠14周开始发育至20周时形成,出生后终生不变。目前,皮纹学的知识和技术已广泛应用于人类学、遗传学、法医学以及临床某些疾病的辅助诊断。

【实验准备】

器材　放大镜、量角器、铅笔、直尺、红色印油(或黑色油墨)、人造海绵垫、瓷盘、白纸、塑料布、细绸布、饮料筒、透明胶带等。

试剂 2.5%亚铁氰化钾[$K_4Fe(CN)_6$]、2%三氯化铁($FeCl_3$)水溶液。

材料 学生自己印取的指纹与掌纹。

【内容与方法】

一、皮纹资料印取方法

(一)印油或油墨印取法

1.准备 将适量的红色印油倒入瓷盘的海绵垫上,涂抹均匀,再把白纸平铺于桌面或玻璃板上,准备取印(注意要将双手洗净,晾干,必要时用肥皂水清洗双手,否则油污将影响皮纹的印取)。

2.印取指纹 手指末端腹面的皮纹称为指纹。指纹是在三个月的胎儿时期形成的,形成后终生不变。通常采用滚转法印取指纹。将印好指纹的纸移至桌边或玻璃板边缘,然后在对应的手掌纹下方取指尖纹(指号1、2、3、4、5分别为拇指、食指、中指、无名指和小指),将取印的指头伸直,其余四指弯曲,逐个由外向内方滚转,将指尖两侧皮纹印上。滚转时,用力轻而均匀,指纹才能清晰,如不清晰,需洗净手后再印。

3.印取掌纹 把全掌按在海绵垫上,使掌面获得均匀的印油(注意不要来回涂抹,印油不宜粘得过多)。取印时先将掌腕线放在白纸上,从后向前依掌、指顺序放下,手指自然分开,以适当的压力尽量将全掌的各部分均匀地印在白纸中央。提起手掌时,先将指头翘起,然后是掌和腕面。这样便可获得满意的全掌皮纹(注意:取印时不可加压过重,不可移动手掌及白纸,以免皮纹重叠,模糊不清)。

(二)普鲁士蓝反应法

原理 亚铁氰化钾可与三氯化铁进行化学反应生成普鲁士蓝,利用此特点可获得清晰的指纹或掌纹。

1.准备 将印纸用2.5%亚铁氰化钾溶液浸湿并晾干。用2%三氯化铁溶液将印棉(脱脂棉)浸湿备用。

2.取印 洗净双手油污,把上述印纸平铺于桌面上,再用上述印棉涂抹双手,注意涂药均匀,不能太湿,也不能太干,然后迅速印在准备好的印纸上,立刻显出蓝色掌指纹。

(三)印油或油墨-粉笔-胶带法

该方法是用浸好印油或油墨的粉笔将印油或油墨均匀擦于指端、趾端、拇指球部和指间区,然后用宽度适宜的透明胶带粘下上述区域的皮纹,再将胶带贴在白纸上,即得皮纹图形。该方法的优点是印取趾间区和指间区花纹及拇指球部花纹的效果好,并可得到正位的皮纹图形。缺点是印取趾端纹时,由于脚趾长期受禁锢变形不易分开,胶带易粘在脚趾不恰当的位置上,影响趾纹的印取质量。

（四）滚筒法

滚筒的制备,取直径约 5 cm 的饮料筒一个,上缠棉布五层左右,即为滚筒。印取皮纹时,先在滚筒上缠一张 16 开白纸备用。受试者手上蘸好印油后,令受试者面对实验台站好,叉开五指,先从中指开始,依次为其他手指置于滚筒上的白纸上,手指尽量上翘,轻推滚筒置腕部,手印就印好了。然后再补印三叉点未印全的指端纹。该方法的优点是:滚筒的弧面与掌指的接触面小,加上布的弹性,掌、指凹凸部位的皮纹可清晰地印在纸上。

（五）手抚法

主要用于脚掌纹的印取。令受试者坐在凳子上,腿伸直,小腿部放在另一凳之上,足悬空,蘸好印油。取 16 开白纸一张,一端与足跟齐,用一只手将纸按于足跟上,避免纸滑动。用另一手掌轻抚白纸顺势由足跟至趾端。该方法需要注意的是,受试者的五趾要尽量后伸,手抚白纸至拇指球部、趾间区及小鱼际区时,用另一只手手抚白纸至拇指球部的胫侧区和小鱼际的腓侧区,以免漏印此两区极限部位的三叉点和花纹;用手掌尺侧区顺势抚白纸至跖趾关节的凹陷区,以免各趾下面的三叉点漏印。该方法操作简单、足底凹凸区皮纹印取清晰。需要注意的是:手抚时用力要均匀,整个手掌与脚掌接触,以免纸张皱折,影响脚掌纹的印取效果。

（六）纸条法

该方法适于趾端纹的印取。将 A4 复印纸顺长边裁成宽约 2.5 cm 的纸条,分别以塑料布、薄海绵(0.5 cm)和细绸布为里、夹层和表,缝成指套,蘸上适量的红色印油,均匀蘸于趾腹和胫、腓侧,纸条从一端起折成环状,另一只手分开受试者趾两端的脚趾,将纸环套在受试者趾上勒紧,用拇指轻抚纸条,即可印得清晰的趾纹图形,再依次印取其余趾端纹。该方法避免了透明胶带易粘在脚趾不适当部位而影响趾端纹印制效果的不足。

由于趾端纹往往在趾腹的凹陷处或两侧,所以纸条要尽量往趾端凹陷处套,并揪紧纸条,使纸条与趾接触,勿留孔隙,再用拇指轻抚纸条,这样才能把趾端纹印得完整清晰。

二、皮肤纹理的分析

（一）指纹类型

指纹有三种基本类型(图 14-1)。

1. 弓形纹(arch,A)　嵴线由手指的一侧走向另一侧,中部隆起呈弓形,纹理彼此平行无三叉线。三叉线又称三辐线、三射线、三叉,由 3 条走向不同的嵴线组成,彼此成120°角,三线相交中心称三叉点、三幅点或三角点(图 14-2)。根据弓形的弯度,弓形纹可分为简单弓形纹和帐幕式弓形纹 2 种亚型。

简单弓形纹(simple arch,As)　由若干平行的弧形嵴线构成(图 14-1),无三叉点

（图14-2）。

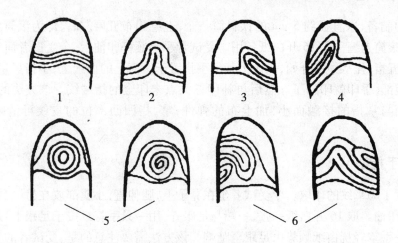

图14-1　指纹的类型
1.简单弓形纹；2.帐幕弓形纹；3.尺箕（正箕）左手；
4.桡箕（反箕）左手；5.简斗；6.双箕斗

图14-2　三叉点示意图

帐幕弓形纹（tented arch,At）　嵴线中部弯曲度较大,呈篷帐状（图14-1）。

2.箕形纹（loop,L）　箕形纹俗称簸箕,在箕头的下方,纹线从一侧起始,斜向上弯曲,再回转到起始侧,形状似簸箕,有一个三叉点。由于开口的方向不同,可分为尺箕（正箕）和桡箕（反箕）两个亚型。

尺箕　箕口朝向尺骨一侧,即小指一侧（图14-1）。

桡箕　箕口朝向桡骨一侧,即拇指一侧（图14-1）。

3.斗形纹（whorl,W）　是一种复杂、多形态的指纹,特点是具有两个或两个以上的三叉点,分别位于尺侧和桡侧,依嵴线走向可分为环形斗和螺状斗两类。

环形斗　由数圈不相连的环状嵴线自内向外组成同心圆形（图14-1）。

螺状斗　嵴线从指端腹部中心起呈螺旋状向外层延伸。环形斗与螺状斗又称简斗（图14-1）。

双箕斗　由两个互相颠倒的箕形纹组成,两箕口朝向同一侧称同侧双斗,两箕口朝向不同侧称反向双斗（图14-1）。

根据统计,指纹的分布频率因人种而异,存在种族、性别的差异。东方人尺箕和斗形纹出现频率高,而弓形纹和桡箕较少;女性弓形纹多于男性,而斗形纹较男性略少。

(二)嵴线计数

1.嵴线计数　弓形纹无纹心和三叉点,其计数为零;箕形纹的嵴线计数是从指纹纹心到三叉点用铅笔画一条连线,计数此直线经过的嵴纹数,连接线起止点处都有嵴线时只计算一条。斗形纹有两个三叉点,分别与纹心连线,取其中较大的数值。双箕斗嵴线计数时,分别先计算两圆心与各自三叉点连线所通过的嵴纹数,再计算两圆心连线所通过的嵴纹数,然后将三个数相加起来的总数除以2,所得平均数为该指纹的嵴线数(图14-3)。

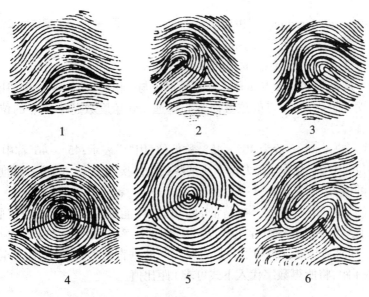

图14-3　各种类型指纹的嵴线计数示意图
1.简单弓形纹;2,3.箕形纹;4,5.简斗;6.双箕斗

2.指纹嵴线总数(total finger ridge count,TFRC)　十个手指的嵴线数相加所得之和为TFRC值。XY(正常男性)为145,XX(正常女性)为127,XXY(性染色体异常)为114,XXYY为106,XXXYY为93,XXXXY为49。

(三)掌纹

掌纹(palmar print)在母胎中三个月就已经形成。奇怪的是,左手掌纹形成的纹线和纹路比较明显,右手的掌纹则浑浊不清。左手的掌纹终生不变,右手的掌纹是会随着年龄、经历、所患疾病以及其他社会生活条件的影响而发生纹路的深浅消长变化的。这种左清右浊的现象无论男女都一样,因此,民间流传的"男左女右"的说法是靠不住的。掌纹包括三个构型区(图14-4)。

1.大鱼际区(thenar area,TH)　位于拇指下方,通常把鱼际区与第一指间区合为一个区,标记为 TH/I$_1$,此区一般没有真实的花纹嵴线,只是沿着拇指基部微弯曲。

2. 小鱼际区(hyperthenar area,HY)位于小指下方,真实花纹出现率约 13%,以箕形、斗形、帐幕式弓形纹居多。

3. 指间区(interdigital area,IA)　I$_1$ ~ I$_4$ 五个手指根部间的区域。拇指与食指之间为第一间区,用"I$_1$"表示,以此类推。

4. 指三叉(digital thiradius)　在 2、3、4、5 指基部掌纹各有一个三叉点,分别称为 a、b、c、d。

5. 轴三叉(axial thiradius)　正常人手掌基部的大、小鱼际之间,在手掌基部,距腕横褶线 1 ~ 2cm 处有一个三叉点,称轴三叉,用 t 表示。

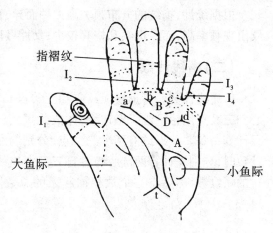

图 14-4　指、掌纹示意图

6. atd 角　从指基部三叉点 a 和 d 分别画直线与 t 相连,即构成∠atd,用量角器测量其角度,可表明 t 的位置。t 点的位置离掌心越远,atd 角度数越小;t 点的位置离掌心越近,atd 角度就越大。

我国正常人的∠atd 一般为 40°~45°,称低位,用"t"表示;45°~46°称中位,用"t'"表示;>56°称高位,用"t″"表示。智力低下或某些染色体疾病患者 t 的位置移向掌心,atd 角增大,最高者可达 70°以上(图 14-5)。

7. t 距比(T distance vatio)　在测量 atd 角时,可能因年龄的增长使皮肤萎缩,导致 atd 角测量产生差异,故用掌距(掌的长度)和 t 距的比率来表示三叉点 t 的位置,即求 t 距比值。在中指掌面基部褶纹线和第一掌腕线之间的垂直距离为掌距,由 t 至第一掌腕线的垂直距离为 t 距,将所得数字代入下式可求 t 距比值。

$$t 距比 = \frac{t 距}{掌距} \times 100\%$$

(四)指褶纹和掌褶纹

褶纹是手指和手掌关节弯曲活动处明显可见的褶纹,并非皮肤纹理,但由于染色体病患者的指、掌褶纹有所改变,在临床诊断中有一定的参考价值,故在此进行观察讨论。

1. 指褶线(finger creases)　正常人除拇指只有一条指褶线外,其余 4 指都有两条指褶线与各指关节相对应(图 14-5)。拇指外的单一褶线常见于第 4、5 指,反映发育不良或畸形,先天愚型患者(21-三体)和 18-三体患者的第 5 指(小指)只有一条指褶纹。额外(多余)的指褶线常见于拇指、中指、小指。有资料报道,中指额外的指褶线对诊断筛查新生儿有无镰刀型细胞贫血病有重要参考价值。

2. 掌褶线(palmar flexino crease)　正常人掌褶线有 3 条(图 14-6)。

远侧横褶纹　起始于小鱼际尺侧,向桡侧延伸过掌,终止于 a 与 b 之间近侧。

近侧横褶纹　起始于大鱼际向手心延伸,终止于小鱼际桡侧。

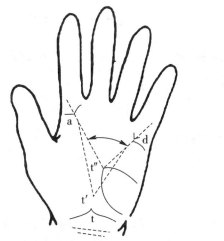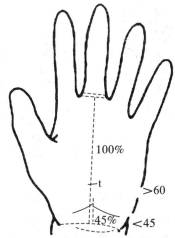

图 14-5　atd 角、t 位置变化及 t 距比示意图

大鱼际横褶纹　起始于第一指间区桡侧,向尺侧延伸,再沿大鱼际向腕部延伸,终止于手掌基部。

掌褶纹有多种变异类型:

通贯掌　又称猿线(simian crease)或通贯手,某些染色体病患者手掌的远、近侧横褶纹融汇成一条直线,从桡侧至尺侧呈水平横贯整个手掌。通贯手在正常人出现的概率约为 4%,先天愚型、13-三体、18-三体出现的概率为 25%~40%。

变异 I 型　又称桥贯型、过渡 I 型,表现为远侧和近侧横褶纹借助一条短的褶纹连接,似搭桥状,因而得名。

变异 II 型　又称叉贯型、过渡 II 型,为一横贯全掌的褶纹,在其上下方各伸出一个小叉。

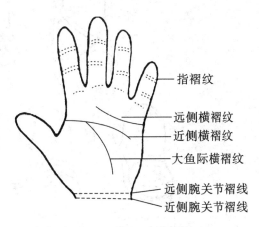

图 14-6　正常人指褶纹和掌褶纹示意图

指褶纹
远侧横褶纹
近侧横褶纹
大鱼际横褶纹
远侧腕关节褶线
近侧腕关节褶线

悉尼掌　表现为近侧横褶线延伸过掌,至小鱼际尺缘终止,远侧横褶纹仍呈正常走向。这种掌褶纹多见于澳大利亚正常悉尼人群中,故称悉尼掌。此类型在先天愚型、白血病等患者中出现频率较高。

(四)足纹

人的脚掌、脚趾上也有一定的皮纹图形,称为足纹(sole patterns)。足纹可分成趾纹和跖两大类,又可分为趾、趾间区、拇趾球区(大鱼际)、小鱼际区和足跟区。目前,只有拇

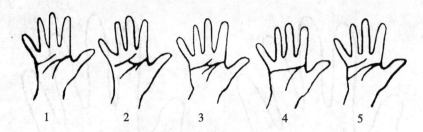

图14-7　指、掌褶纹与变异型

1.正常型;2.过渡Ⅰ型;3.过渡Ⅱ型;4.通贯手;5.悉尼手

趾球区皮纹研究的较充分和具有临床价值。

拇趾球区的皮纹可分为远侧箕形纹(远箕)、斗形纹(斗)、腓侧箕形纹(腓箕)、胫侧箕形纹(胫箕)、近侧弓形纹(近弓)、腓侧弓形纹(腓弓)、胫侧弓形纹(胫弓)七种类型(图14-8)。先天愚型患者胫侧弓形纹出现的频率较高,而13-三体患者腓侧弓形纹的频率较高。

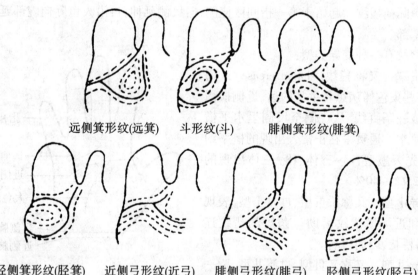

远侧箕形纹(远箕)　　斗形纹(斗)　　腓侧箕形纹(腓箕)

胫侧箕形纹(胫箕)　近侧弓形纹(近弓)　腓侧弓形纹(腓弓)　胫侧弓形纹(胫弓)

图14-8　拇趾球部的七种主要肤纹示意图

远侧箕形纹　箕口朝向第1、2趾的趾间沟,有一个三叉点。

斗形纹　与指纹斗形纹相同,亦具有两个三叉点。

腓侧箕形纹　箕口朝向腓侧,故称正箕(腓箕),有一个三叉点。

胫侧箕形纹　箕口朝向胫侧,故称反箕(胫箕),有一个三叉点。

近侧弓形纹　弓凹朝向脚掌心,有一个三叉点。

腓侧弓形纹　弓凹朝向腓侧,有一个三叉点。

胫侧弓形纹　弓形的弯度小,近似平行,弓凹朝向胫侧,没有三叉点。

三、遗传病的皮纹变化

1.指纹类型变化　正常人双手指纹类型出现有一定频率,斗形纹出现率约46.67%;箕形纹出现率约51.09%,其中正箕纹约48.9%,反箕纹约2.19%;弓形纹出现率约2.24%。正常人双手指纹以正箕和斗形纹类型居多,而弓形纹和反箕则少见。但遗传病患者中指纹出现率则有异常。如正常人群中第4、5指的反箕仅占不到1%的比例,而先天愚型患者则以反箕居多;双手中指纹型为弓形纹的总数大于7,在正常人群中仅约1%,而在18-三体患者中则多达80%;双手中指纹型为斗形纹总数大于8,在正常人群中仅有8%,而在5P-患者中达到32%。以上病例为染色体病患者的皮纹变化。单基因和多基因遗传病也都有一定的皮纹改变:室间隔缺损患者尺侧箕纹增加;房间隔缺损患者桡侧箕纹增加;法洛四联征患者斗形纹增加;精神分裂症患者尺侧箕纹增加,斗形纹减少。

2.指纹嵴线总数变化(TFRC变化)　性染色体变异患者皮纹突出的表现就是TFRC与性染色体数目的关系。每增加一条X染色体,则TFRC值减少30;增加一条Y染色体,则减少12,如Turner综合征,患者TFRC值明显增加(60~203),而正常女性为127;Klinefelter综合征患者TFRC值降低,也有另外现象,如弓形纹增加。

3.atd角变化　正常人的atd角一般用"t"表示,我国正常人的atd角平均约为41°。但某些遗传病患者的三叉t位点在手掌上位置有变化,从而使atd角异常。异常的atd角用"t'"和"t″"表示,46°< t'< 63°< t″。如先天愚型患者at'd角平均值约为70°。三叉点t'的出现在正常人中为2%,先天愚型中为82%,三叉点t″出现在正常人中为3%,而在18-三体中为25%、13-三体中为81%、5P-患者为80%。

4.掌褶纹变化　掌褶纹指皮肤与深层筋膜相连而成的褶线。正常人手掌褶线主要有3条:远侧横褶纹、近侧横褶纹和大鱼际横褶纹。三者位置关系:近侧横褶纹与大鱼际横褶纹在桡侧相连接,而远侧横褶纹分开。

有一种掌褶纹称通贯手,即远近侧褶纹合成一条横贯全掌的褶纹。双手均为通贯手的人在正常人群中仅占2%,而先天愚型中为31%、18-三体中为25%、13-三体中62%、50%患者中为35%。

综上所述,遗传病、精神分裂症以及心脏病患者多有皮纹异常,而因皮纹分析可用于疾病,特别是染色体病的初筛和辅助诊断。此外,皮纹分析在法医、人类学、运动员选材、血型分析以及智能分析等方面也有广泛应用。需要注意的是:在疾病诊断时,由于正常人有时也可见到异常皮纹,所以对遗传病的确诊必须综合应用其他诊断指标才能作出结论。

【思考题】

1.指纹、掌纹各有哪些类型?其特点分别是什么?

2.皮纹分析有何临床意义?

【实验报告】

1.印取指纹和掌纹并对指纹和掌纹进行分析,确定类型、统计个人总指嵴线数、测量 t 距比和∠atd,确定类型,数据汇总于表14-1 中。

表14-1 指纹、掌纹的类型

指　　类型	拇指 左	拇指 右	食指 左	食指 右	中指 左	中指 右	无名指 左	无名指 右	小指 左	小指 右	总计
弓形纹A											
箕形纹L 桡箕U 双箕斗			√	√		√	√			√	6
箕形纹L 尺箕R							√		√		2
斗形纹W		√			√						2
指嵴纹数 TFRC	12	25	5	4	20	11	19	15	7	7	125

掌褶纹类型

悉尼掌 左	悉尼掌 右	通贯掌 左	通贯掌 右	桥贯掌变异Ⅰ型 左	桥贯掌变异Ⅰ型 右	叉贯掌变异Ⅱ型 左	叉贯掌变异Ⅱ型 右	atd角 左	atd角 右	t距百分比 左	t距百分比 右
√	√										

指间区纹

	I₁ 左		I₁ 右		I₂ 左		I₂ 右		I₃ 左		I₃ 右		I₄ 左		I₄ 右	
	有真实花纹	无真实花纹	有真实花纹	无真实花纹	有真实花纹	无真实花纹	有真实花纹	无真实花纹	有真实花纹	无真实花纹	有真实花纹	无真实花纹	有真实花纹	无真实花纹	有真实花纹	无真实花纹
		√		√		√		√		√		√		√		√

脚掌纹

远侧箕形纹 左	远侧箕形纹 右	斗形纹 左	斗形纹 右	腓侧箕形纹 左	腓侧箕形纹 右	胫侧箕形纹 左	胫侧箕形纹 右	近侧弓形纹 左	近侧弓形纹 右	腓侧弓形纹 左	腓侧弓形纹 右	胫侧弓形纹 左	胫侧弓形纹 右
												√	√

2. 以小组为单位分别统计:①全班男生和女生指纹总指嵴线数(TFRC);②分别求出 TFRC 平均值,对照全国汉族男、女性 TFRC 平均值,分析本班结果是否与其一致,如有不同,请分析原因;③将两组 TFRC 从最小值到最高值,以每五条嵴线为差别将统计数值分段,并作出直方图。

3. 如有兴趣和时间,利用节假日对家庭成员的手部皮纹进行调查分析后,看手部皮纹与家庭成员的健康状况有无联系。

(贾利云　刘　华)

实验十五 遗传病的系谱分析

【英文概述】

A pedigreeanalysis is a graphical representation of a family tree that is used to determine the mode of inheritance of genetic diseases. The diagram uses symbols to represent people and lines to represent genetic relationships which usually make it easier to visualize relationships within families, particularly large extended families. A single gene disorder is the result of a single mutated gene, so they are also described as unifactorial or monogenic diseases. Over 4 000 human diseases are caused by single gene defects. Since only a single gene is involved in each case, these diseases generally have simple inheritance patterns in family pedigrees. This means they can be traced through families and their occurrence in later generations can be predicted. Some single gene disorders are described as dominant diseases because only one mutant allele is required, and such diseases tend to crop up in every generation. Other diseases are described as recessive because both copies of the gene must be defective in order for the disease to occur. These recessive diseases often skip generations, because mutant alleles can be carried without any effect if a normal allele is also present. The defective version of the gene responsible for the disease is known as a mutant allele or a disease allele.

【实验目的】

1. 掌握遗传病系谱的分析方法。
2. 掌握单基因遗传病的传递方式及特点。

【实验原理】

系谱分析(pedigree analysis)是了解遗传病的一个常用的方法,其基本程序是先对某家族各成员出现的某种遗传病的情况进行详细的调查,再以特定的符号和格式绘制成反映家族各成员相互关系和发生情况的图解,然后根据孟德尔定律对各成员的表现型和基因型进行分析。通过分析,可以判断某种性状或遗传病是属于哪一种遗传方式(单基因遗传、多基因遗传)。如果是单基因遗传,还可确定是显性、隐性或性连锁遗传。

临床上判断单基因病的遗传方式常用系谱分析法。系谱图中必须给出的信息包括:性别、性状表现、亲子关系、世代数以及每一个个体在世代中的位置。由于系谱法是在表现型水平上进行分析,而且这些系谱图记录的家系中世代数少、后代个体少,所以为了确定一种单基因遗传病的遗传方式,往往需要得到多个具有该遗传病家系的系谱图,并进行合并分析。人类遗传性疾病,往往要通过家系调查和系谱分析,才能了解它的遗传方式及规律。因此,掌握系谱分析方法,对于遗传病的诊断和预防等都有很大帮助。

【实验内容】

依据遗传规律,分组讨论分析下列各系谱,判断其遗传方式,总结其特点,写出先证者(proband)及其父母的基因型。用遗传理论解答各病例中所列问题和系谱中出现的一些特殊现象。

病例1 假肥大型肌营养不良(pseudohypertrophic muscular dystrophy) 是由遗传因素所致的以进行性骨骼肌无力为特征的一组原发性骨骼肌坏死性疾病,临床上主要表现为不同程度和分布的进行性加重的骨骼肌萎缩和无力,可累及心肌。该病主要发生在学龄前和学龄期的儿童,是小儿时期最常见的遗传性肌病,无种族或地区差异。肌营养不良病因是遗传异常,分子生物学研究发现患者由于基因异常,体内缺乏一种抗肌营养不良蛋白,该蛋白缺失使细胞膜钙离子通道活性增高,造成细胞内钙离子浓度升高,使肌肉中蛋白质的降解加速导致发病。

图15-1为1例假肥大型肌营养不良系谱,根据该系谱特征判断此病的遗传方式。分析说明:为什么系谱中患者均为男性? III_1、III_2 分别与正常人婚配后,下一代发病风险如何?

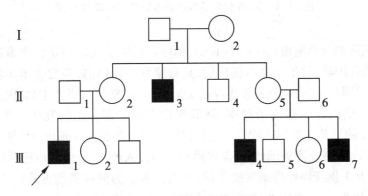

图15-1 假肥大型肌营养不良系谱

病例2 甲型血友病 又称为抗血友病球蛋白缺乏症或第VIII因子缺乏症,是凝血因子VIII编码基因突变导致该凝血因子功能缺陷所致的一种凝血功能障碍性遗传病,呈X连锁隐性遗传(H对h为显性),由女性传递,男性发病,发病率约为1/5 000男性活婴。女性患者极为罕见。出血症状是本疾病的主要表现,终身于轻微损伤或小手术后有长时间出血的倾向。图15-2中2个家系都有血友病发病史,III_2 和 III_3 婚后生下一个性染色体组成是XXY的非血友病儿子(IV_2),家系中的其他成员性染色体组成均正常,根据图15-2试分析:

1)能否确定 IV_2 两条X染色体的来源;III_4 与正常女子结婚,其女儿患血友病的概率是多大?

2)为探明 IV_2 的病因,对家系的第III、IV代成员致病基因的特异片段进行了PCR扩增,其产物电泳结果如图15-3所示。结合图15-2,推断 III_3 的基因型。请用图解和必要的文字说明Ⅳ₂非血友病XXY的形成原因。

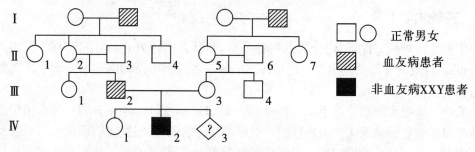

图15-2 两个家系都有血友病发病系谱图

3)现Ⅲ₃再次怀孕,产前诊断显示胎儿(Ⅳ₃)细胞的染色体为46,XY;致病基因的PCR检测结果如图15-3所示。由此建议Ⅲ₃是否终止妊娠?

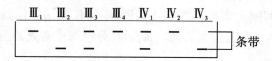

图15-3 Ⅲ、Ⅳ代成员致病基因的特异片段 PCR 图

病例3 视网膜母细胞瘤(retinoblastoma,RB) 是婴幼儿眼病中性质最严重、危害性最大的一种恶性肿瘤,发生于视网膜核层,具有家族遗传倾向,多发生于5岁以下,可单眼、双眼先后或同时患病,本病易发生颅内及远处转移,常危及患儿生命,因此早期发现、早期诊断及早期治疗是提高治愈率、降低死亡率的关键。此病发病率为1/21 000～1/10 000,70%的患儿在2岁前就诊。患儿初期表现为眼底黄色或灰白色肿块,随着病情的发展瘤体可增大并充满玻璃体,甚至可沿视神经侵入颅内,也可随血液循环全身转移。

图15-4是1例视网膜母细胞瘤系谱,判断该肿瘤为何种遗传方式?为什么系谱中Ⅱ₂和Ⅱ₃、Ⅱ₄和Ⅱ₇均未发病,但他们的子女中却有多个患者?

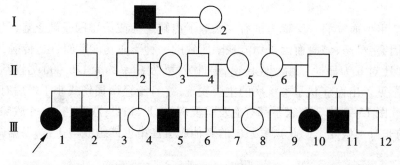

图15-4 视网膜母细胞瘤系谱图

病例4 遗传性肾炎(hereditary nephritis) 也叫 Alport 综合征,简称 AS,是一种主要表现为血尿、肾功能进行性减退、感音神经性耳聋和眼部异常的遗传性肾小球基底膜疾

病,是由于编码肾小球基底膜的主要胶原成分—Ⅳ胶原基因突变而产生的疾病,基因突变的发生率为1/10 000~1/5 000。临床表现是患者除有肾功能衰竭外,还常伴有耳部疾患和视力缺陷,所以又称为眼、耳、肾综合征。

图15-5是1例遗传性肾炎系谱,试分析该系谱中此病的遗传方式,并推测Ⅲ₆、Ⅳ₁的子代患此病的可能性。

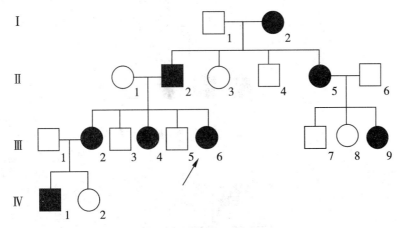

图15-5　遗传性肾炎系谱图

病例5 糖原累积病(Von Gierke 氏病)　糖原累积病是一类由于先天性酶缺陷所造成的糖原代谢障碍疾病,多数属常染色体隐性遗传,发病因种族而异。根据欧洲资料,其发病率为1/(20 000~25 000)。糖原合成和分解代谢中所必需的各种酶至少有8种,由于这些酶缺陷所造成的临床疾病有12型,其中Ⅰ、Ⅲ、Ⅳ、Ⅵ、Ⅸ型以肝脏病变为主,Ⅱ、Ⅴ、Ⅶ型以肌肉组织受损为主。这类疾病有一个共同的生化特征,即是糖原贮存异常,绝大多数是糖原在肝脏、肌肉、肾脏等组织中贮积量增加。仅少数病种的糖原贮积量正常,而糖原的分子结构异常。

图15-6为1例糖原累积病Ⅰ型系谱,分析此系谱,并说明为什么上几代无人发病,而在第4代中却出现了患者? 近亲结婚对后代有何危害?

病例6 并指Ⅰ型(syndactyly type Ⅰ)　并指也称并趾,是两个或更多指(趾)完全连在一起。非洲某些贫困地区,几乎全村人都是并指(趾),不分男女老少,有的只有两指(趾),形同鸵鸟。并指有多种类型,并指Ⅰ型患者的第3、4指间有蹼,且末节指骨愈合,基因定位于2q31-37。

图15-7为1例并指Ⅰ型系谱图,根据系谱判断并指为何种遗传方式,写出先证者的基因型。Ⅱ₅的家系中为什么没有患者? 如果Ⅱ₅与Ⅱ₆的子代同正常人结婚,将来是否会生出患儿? 为什么?

病例7 甲-髌综合征与ABO血型连锁　甲-髌综合征(Nail-patella syndrome,NPS)又称为遗传性爪骨发育不全,是一种以指甲和髌骨发育异常或缺陷为特征的综合征,患者无指甲或指甲发育不全,有凹陷和凸起,约有半数患者有肾脏受累,约30%肾脏受累的患者最终发生肾功能衰竭。大多数甲-髌综合征的患者有一侧或双侧膝盖骨(髌骨)缺失,

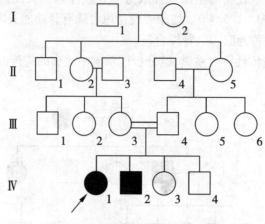

图15-6 糖原累积病Ⅰ型系谱图

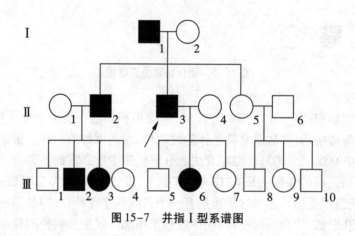

图15-7 并指Ⅰ型系谱图

一侧前臂骨(桡骨)肘关节脱位,盆骨畸形。

使用连锁分析的方法,通过检测某一性状的基因与已定位的标记基因的连锁关系,可将前者定位于某号染色体上。临床调查发现甲-髌综合征总是与 ABO 血型紧密连锁遗传,ABO 血型的基因早已定位在9q34,因此甲-髌综合征基因也就被定位于9q34。

图15-8 是1 例甲-髌综合征与 ABO 血型联合传递的系谱图,试列出每位家庭成员2 种遗传性状的基因型,请说明为什么Ⅲ₆具有 A 型血而无甲-髌综合征?(图15-8 中大写英文字母表示 ABO 血型,■●代表甲-髌综合征患者)

【实验报告】

1. 汇报所有判断结果,并简单回答病例出现的问题。

2. 独自分析下列习题,解答相关问题。

习题1   一位男性血友病患者和一位表现型正常的女子结婚,生育了一个色盲儿子(Ⅱ₁)和一个表现型正常的女儿(Ⅱ₂),但Ⅱ₂的3 个儿子中有1 个患血友病、2 个患色盲。

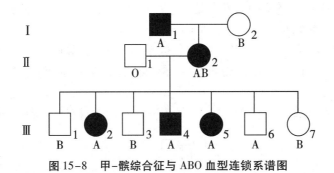

图 15-8 甲-髌综合征与 ABO 血型连锁系谱图

绘出系谱图,说明遗传方式,写出患者及其父母的基因型,并简述这个家系后代疾病发生的机制。

习题2 一对正常夫妇前来咨询,调查得知二者是姨表兄妹,他们的父母和外祖父母的身体都很健康,但外祖母的哥哥(I_1)患有黏多糖累积症 I 型,其主要临床体征是智力迟钝,骨骼发育异常,肝、脾肿大,角膜混浊等。这对夫妇已生有 1 个正常的男孩(IV_1)。

试绘出系谱图,说明其遗传方式。估计这对夫妇再生孩子发病风险如何?若各自随机婚配,后代发病风险如何?(该病群体发病率为 1/250 000)

习题3 某医师通过对一对正常夫妻(III)(妻子已经怀孕)的检查和询问,判断出丈夫家族中有人患有甲种遗传病(显性基因为 A,隐性基因为 a),他的祖父母是近亲结婚;妻子家族中患有乙种遗传病(显性基因为 B,隐性基因为 b),她有一个年龄相差不大患先天愚型(21-三体综合征患者)的舅舅;夫妻均不带有对方家族的致病基因。医师将两个家族的系谱图绘制出来(图 15-9),请回答下列相关问题:

1)乙病的遗传方式是什么?

2)该夫妇再生一个男孩患病的概率是多大?若 II_6 不带致病基因,则 IV_{13} 与一表现型正常的女性婚配(人群中 100 个人中有一个甲病患者),则生成患甲病后代的概率是多大?

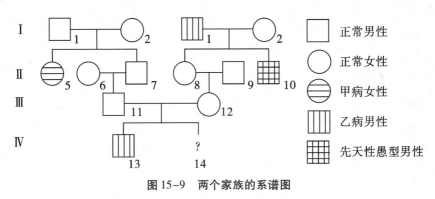

图 15-9 两个家族的系谱图

习题4 某地发现一个罕见的家族,家族中有多个成年人身材矮小,身高仅 1.2 米左右。图 15-10 是该家族遗传系谱(阴影为患者)。请分析回答:

1)该家族中决定身材矮小的基因是_____性基因,最可能位于_____染色体上。该基因可能是来自_____个体的基因突变。

2)若II₁和II₂再生一个孩子,这个孩子是身高正常的女性纯合子的概率为_____;若IV₃与正常男性婚配后生男孩,这个男孩成年时身材矮小的概率为_____。

3)该家族身高正常的女性中,只有_____不传递身材矮小的基因。

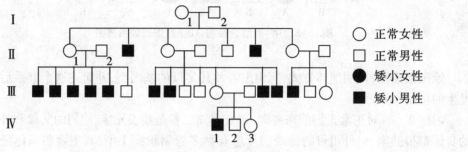

图 15-10 某遗传病系谱图

（贾利云）

实验十六　人类遗传性状的观察与分析

【概述】

人类的各种遗传性状都是受特定基因控制的,由于每个人的遗传基础不同,某一特殊的性状在不同的人体会出现不同的表现。人类遗传性状大致可归为单基因控制的性状和多基因控制的性状,前者称为质量性状(qualitative character),后者称为数量性状(quantitative character)。根据控制基因的显、隐性不同,质量性状分为显性性状(dominant trait)和隐性性状(recessive trait);而控制数量性状形成的基因为多基因,各基因之间没有显、隐性差别,每一个基因在性状的形成中都起有一定的作用,因此没有显性性状和隐性性状差别,但环境因素对数量性状的形成有明显影响。

由于突变(mutation)、迁移(immigration)、自然选择(natural selection)、随机漂变(genetic drift)等影响遗传平衡(genetic equilibrium)状态的因素存在,使群体中等位基因的频率发生一定改变,一些基因的频率会逐渐增高,另一些基因的频率则会逐渐降低或消失。控制性状发育的基因无论是一对,还是多对,在群体中都符合Hardy-Weinberg定律(H-W law)所描述的遗传组成变化规律,根据此定律和实际调查数据可分别得到各性状的等位基因频率和基因型频率。

通过一个特定人群的某一性状的调查,将调查材料进行整理分析,可以初步了解某性状的遗传方式、控制基因的性质,并能计算出该基因的频率。假设某一位点有一对等位基因A和a,A基因在群体出现的频率为p,a基因在群体出现的频率为q;基因型AA在群体出现的频率为D,基因型Aa在群体出现的频率为H,基因型aa在群体出现的频率为R,群体(D,H,R)交配是完全随机的,那么这一群体基因频率和基因型频率的关系是:$D=p^2$、$H=2pq$、$R=q^2$。这说明任何一物种的所有个体,只要能随机交配,基因频率很难发生变化,物种能保持相对稳定性。

【目的】

1. 通过人类各种性状的调查分析,了解其遗传方式、基因频率和基因型频率。
2. 了解基因突变、复等位基因、基因并显性等概念。

一、人类ABO血型的检测和遗传分析

【英文概述】

The ABO blood group system is the most important blood type system in human blood transfusion. There are four principal types：A，B，AB，and O. There are two antigens（antigen A，antigen B）and two antibodies（anti－A antibodies，anti－B antibodies）that are mostly responsible for the ABO types. People with type A blood will have the A antigen on the surface of their red cells. As a result，anti－A antibodies will not be produced by them because they would cause the destruction of their own blood. However，if B type blood is injected into their systems，anti－B antibodies in their plasma will recognize it as alien and burst or agglutinate the introduced red cells in order to cleanse the blood of alien protein. Individuals with type O blood do not produce ABO antigens. As a result，type O people are universal donors for transfusions，but they can receive only type O blood themselves. Those who have type AB blood do not make any ABO antibodies. They are universal receivers for transfusions，but their blood will be agglutinated when given to people with every other type because they produce both kinds of antigens.

【实验目的】

1. 了解人类 ABO 血型遗传性状形成原理。
2. 学习鉴别血型的方法。
3. 观察红细胞凝集现象。
4. 通过调查分析，了解 ABO 血型遗传性状在群体中的基因与基因型频率。
5. 通过家系调查分析部分性状的遗传方式。

【实验原理】

人类 ABO 血型系统是根据红细胞膜上有无特异性抗原(凝集原)A 或 B 来划分的血液类型系统,是临床输血过程中最重要的血型系统。存在于人类红细胞表面的抗原性质是 ABO 血型划分的基础,这种抗原取决于 9q34 上的一对复等位基因:I^A、I^B、i,且 I^A 和 I^B 对 i 为显性,I^A 和 I^B 为共显性。I^A 决定红细胞表面有抗原 A,I^B 决定红细胞表面有抗原 B,i 决定红细胞表面无抗原 A 和 B,A 和 B 两种抗原又称凝集原 A 和凝集原 B。根据红细胞膜表面是否含有抗原和所含抗原类型的不同,将人类的 ABO 血型系统分为 A 型、B 型、AB 型和 O 型四种(表 16-1)。此外,在不同血型人的血清中所含抗体不同,即 A 型血清中含有抗 B 抗体,B 型血清中含有抗 A 抗体,O 型血清中同时含有两种抗体,而 AB 型血清中则不含有这两种抗体,A 抗体可使膜表面含有凝集原 A 的红细胞凝集,B 抗体可使膜表面含有凝集原 B 的红细胞凝集。由于在相应的抗原、抗体之间会发生凝集反应,故在输血时对供血、受血者的血型有一定的限制,输血前一定要进行血型的配型。

血型鉴定可用红细胞凝集试验,通过正、反定型准确确定 ABO 血型。所谓正定型,即血清试验,用已知抗 A、抗 B 分型血清来确定红细胞上有无相应的 A 抗原和 B 抗原;所谓反定型,即细胞试验,是用已知 A 细胞和 B 细胞来测定血清中有无相应的抗 A 或抗 B (表 16-2)。本实验主要采用正定型方法。

表 16-1　ABO 血型遗传特性

表现型(血型)	基因型	红细胞膜表面抗原	血清中的天然抗体
A	I^AI^A, I^Ai	A 抗原	抗 B 抗体(β)
B	I^BI^B, I^Bi	B 抗原	抗 A 抗体(α)
AB	I^AI^B	A、B 抗原	–
O	ii	–	抗 A 抗体(α)、抗 B 抗体(β)

表 16-2　ABO 血型鉴定方法

ABO 血型鉴定					
诊断血清+待测者红细胞(正定型)		受检者血型	待检者血清+诊断红细胞(反定型)		
抗 A 血清	抗 B 血清		A 红细胞	B 红细胞	O 红细胞
		O			
		A			
		B			.
		AB			

【实验准备】

器材　消毒牙签、棉球、采血针、吸管、双凹玻片、显微镜、记号笔等。

试剂　A 型和 B 型标准血清、生理盐水、体积分数 70% 乙醇等。

材料　以学生本人耳垂或中指末梢血作为研究材料。

【实验内容】

1. 确认标准血清　由于抗 A 只与 A 抗原专一性结合,抗 B 只与 B 抗原专一性结合,利用此特性使用标准血清便可鉴定每一个未知血型的类型。A 型标准血清来自于 A 型人,含有抗 B 抗体,B 型标准血清来自于 B 型人,含有抗 A 抗体。

2. 采血　用体积分数 70% 乙醇棉球消毒耳垂或中指末端,挤压耳垂或中指末端使其红润,血液充盈,用消过毒的一次性采血针刺破耳垂或中指皮肤,一边轻轻挤压,一边用吸管取 1~2 滴血加入盛有 0.5 mL 生理盐水的小试管中,轻轻摇荡使其混匀。

3. 操作与观察　取一个清洁的双凹玻片,在两端分别用记号笔标明抗 A、抗 B,将标准血清各一滴分别滴入相应的凹池内。用干净的吸管在每个凹池内各加入 1 滴混匀后的待测血液。分别用牙签将血液与标准血清充分搅拌均匀,室温等待 5~15 min,每间隔 2 min 左右,轻轻晃动双凹玻片,仔细观察有无凝集颗粒出现。15 min 后当浑浊的混合物逐渐转变为透明状的同时还伴随有大小不等的红色颗粒出现,表明红细胞已与相应的抗体凝集在一起。如果混合物一直保持淡红色混浊状态,且无颗粒出现,则表明没有凝集发生。当凝集颗粒较小时,可借助于显微镜进行判断。

4.结果判断　受检者血液的红细胞只在抗 A 血清中有凝集反应,则血型为 A 型;只在抗 B 血清中有凝集反应,则血型为 B 型;在抗 A 及抗 B 血清中均有凝集反应,则血型为 AB 型;在抗 A 及抗 B 血清中均无凝集反应,则血型为 O 型。

【注意事项】

1.采血前要对采血部位和用具进行消毒,采血后应注意局部卫生,避免感染。
2.采血时要尽量避免过于用力挤压手指或耳垂,以免发生溶血影响结果。
3.不要将试剂或液体污染到实验台或显微镜上。
4.进行血型检测时,带血滴管的末端绝对不得触及标准血清,否则将影响结果。
5.牙签不可交叉使用,否则将影响结果。
6.血型检测态度一定要严肃认真,一丝不苟。当检测结果不能确定时,必须重做。

【实验报告】

1.统计全班各种 ABO 血型个体数,计算每一种基因型频率、基因频率。
2.查阅资料、互联网,了解其他血型系统。
3.简述血型鉴定在生活中的重要意义。

二、人类苯硫脲尝味能力的遗传分析

【英文概述】

Phenylthiocarbamide (PTC), also known as phenylthiourea (PTU), is an organosulfur thiourea containing a phenyl ring. It has the unusual property that it either tastes very bitter or is virtually tasteless, depending on the genetic makeup of the taster. The ability to taste PTC is a dominant genetic trait, and the test to determine PTC sensitivity is one of the most commonly used genetic tests on humans. About 70% of people can taste PTC, varying from a low of 58% for indigenous peoples of Australia and New Guinea to 98% for indigenous peoples of the Americas. One study has found that non-smokers and those not habituated to coffee or tea have a statistically higher percentage of tasting PTC than the general population. PTC-tasting ability is a simple genetic trait governed by a pair of alleles, dominant T for tasting and recessive t for nontasting. Persons with genotypes TT and Tt are tasters, and persons with genotype tt are non-tasters.

【实验目的】

1.了解群体中人类苯硫脲尝味能力的遗传性状的表现形式及该性状的遗传方式。

2.通过调查,分析了解苯硫脲尝味能力在群体中的基因与基因型频率。

【实验原理】

苯硫脲(phenylthiocarbamide,PTC)是一种白色结晶状药物,由于含有 N—C＝S 基团,所以有苦涩味。人类味觉对苯硫脲的敏感性由一对等位基因(T、t)控制,属不完全显性遗传,基因型不同的个体尝出含 PTC 溶液的浓度有明显的差异。为便于研究,将能尝出 PTC 浓度在 1/50 000 以下苦味者称为尝味者,对 PTC 浓度在 1/24 000 以上仍感觉无味者称为味盲者。能品到 1/750 000～1/3 000 000 浓度的 PTC 溶液有苦涩味者,为显性纯合个体,基因型应为 TT;能品到 1/50 000～1/400 000 浓度的 PTC 溶液有苦涩味者,为显性杂合个体,基因型应为 Tt;能品到 1/24 000 浓度的 PTC 溶液～PTC 粉状结晶有苦涩味者,则为隐性纯合个体,基因型应为 tt;对 PTC 粉状结晶无反应者,基因型也为 tt。

【实验准备】

器材 吸管、小试管、漱口杯、棉球等。

试剂 用无菌蒸馏水配制的 3 种不同浓度的 PTC 溶液:低浓度(1/750 000～1/3 000 000)、中浓度(1/50 000～1/400 000)、高浓度(1/24 000～结晶)。

材料 以学生本人为观察对象。

【实验内容】

1.用洁净的清水漱口。

2.用消毒过的滴管吸取 PTC 溶液,滴在舌头上 4～5 滴,认真品味,注意应从最稀释的溶液开始。如果没有反应,漱口后,再品尝中浓度 PTC 溶液,仍然没有反应者,再用清水漱口,最后品尝高浓度 PTC 溶液。

3.记录自己对苦涩味的第一反应浓度,推断自己的基因型。

【注意事项】

1.PTC 溶液是严格使用无菌蒸馏水配制的,请同学们放心。

2.进行 PTC 尝味,要认真仔细,3 种浓度溶液的顺序一定从低到高,不可颠倒。

3.错误地先品尝高浓度 PTC 溶液时,要反复漱口后再进行测定。

4.品尝后,不要吞咽 PTC 溶液。

【实验报告】

汇总全班同学对 PTC 尝味能力的测定结果,统计每一种基因型个体数,计算显性基因(T)和隐性基因(t)的频率,应用 Hardy-Weinberg 定律推算显性基因(T)和隐性基因(t)在本班级中是否处于平衡状态。如果不平衡,请分析原因。

三、人体常见性状的群体遗传分析

【英文概述】

Mendelian inheritance predicts that there are only dominant and recessive varieties of a given gene, and that the combination of these varieties determines the physical make-up – or-phenotype – of an individual. A dominant phenotype will always be expressed over a recessive phenotype. An individual can be completely dominant for the trait (homozygous dominant), partly dominant and partly recessive (heterozygous) or completely recessive for the trait (homozygous recessive). Both the homozygous dominant and the heterozygous genotypes will result in an individual who embodies the dominant phenotype. Only the homozygous recessive genotype will result in a recessive phenotype. Recessive genes are signified by lowercase letters. Dominant genes are signified by uppercase letters. AA is the homozygous dominant genotype; Aa is the heterozygous genotype; and aa is the homozygous recessive genotype.

【实验目的】

1. 了解各种人体遗传性状,通过家系调查分析部分性状的遗传方式。
2. 通过调查分析了解各性状在群体中的基因与基因型频率。

【实验内容】

以实验班中所有同学为观察对象,对以下性状调查分析后,确定基因型,记录实际统计数据,了解家庭成员的相关表现,分析该性状的遗传方式。

1. 额前 V 形发尖　人的 V 形发尖是前额正中发际线向下凸出一个形似字母"V"的发尖,俗称"美人尖"(图16-1),此 V 形发尖特征为显性遗传性状。

图 16-1 额前 V 形发尖示意图

2. 双手扣握方式　双手扣握(hand clasping)或双手十指交叉扣握时有两种方式,右手拇指抱握在左手上是称为右握(right thumbed),左手拇指抱握在右手上是称为左握(left thumbed),右握为显性遗传,左握为隐性遗传(图16-2)。

3. 卷舌与翻舌　卷舌,即舌的两侧能在口腔中向上卷,多数人具有此特征,它为显性遗传。翻舌,即舌头伸出口外能后翻而对着上颌门齿,它在人群中比较少见,约为千分之一的概率出现,为隐性遗传(图16-6)。

4. 拇指关节远端超伸展　人群有的个体拇指的最后一节向桡侧弯曲与拇指成60°角,属于隐性遗传性状。另一些个体的拇指为直立型,即最后一节则不能弯曲,属于显性遗传性状(图16-4)。两性状为一对相对性状,受一对等位基因控制。

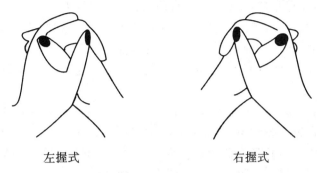

左握式 　　　　　　　　右握式

图 16-2　双手扣握示意图

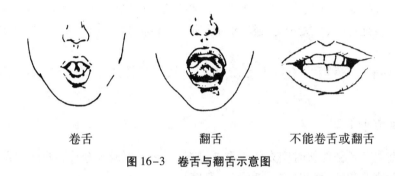

卷舌 　　　　　　　　翻舌 　　　　　　　　不能卷舌或翻舌

图 16-3　卷舌与翻舌示意图

5. 达尔文结节　人类耳轮边缘上有一个小突起,一般认为这个突起和猴类耳壳的耳尖相当。达尔文结节是显性遗传,但在人群中表现不一,有的仅一个耳朵有此特征,有的个体具显性基因,但外显率低,类假隐性性状。也有的学者认为结节和鼻尖厚度是连锁遗传的(图 16-5)。

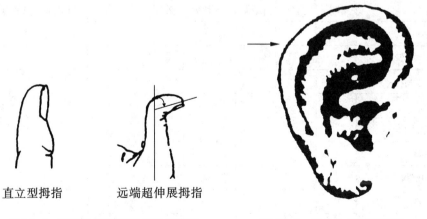

直立型拇指 　　　　远端超伸展拇指

图 16-4　拇指关节远端超伸展示意图 　　　**图 16-5　达尔文结节示意图**

6. 发旋　在头顶靠右方的中线处有一螺纹即发旋(hair whorl)。螺纹处头发纹路有两种方式:右旋,即顺时针方向,是显性性状;左旋,即逆时针方向,是隐性性状。

7. 头发　人类的头发有的是直发,属于隐性遗传;有的是卷发,属于显性遗传。

8. 耳垂　即耳垂下悬(free ear lobe),与头连接处向上凹陷,属于显性遗传,人类的耳有些有耳垂,有些无耳垂(attached ear lobe),即耳轮一直向下延续到头部,属于隐性遗传。

9. 手指中段毛发　查看有三个节段(上、中、下)的手指,如果手指的中段长有毛发即为中段毛发(mid-digit finger hair),此性状为显性性状,无此性状的为隐性。

10. 鼻尖　有的人鼻下端向前的突起,向下弯曲呈鹰嘴状,即"钩鼻尖",为显性遗传。有的人鼻下端向前的突起不弯曲,即"直鼻尖",为隐性遗传。

11. 上眼睑有无皱褶　人群中的眼睑(eyelid)可分为单重睑(俗称单眼皮,又叫上睑赘皮)和双重睑(俗称双眼皮)两种性状。一些人认为双眼皮受显性基因控制,为显性性状;单眼皮为隐性性状。关于这类性状的性质和遗传方式,目前尚有争论,还有待进一步研究。

12. 左利手与右利手　有的人习惯用右手,属于显性遗传;有的人习惯用左手,属于隐性遗传。

【注意事项】

1. 调查他人各种性状时应充分尊重被调查者,在得到对方允许后再进行调查。
2. 调查他人各种性状时应注意安全、卫生。

【实验报告】

1. 根据一部分常见相对性状特征,自我分析,确定自己的基因型。
2. 了解家庭成员的相关表现,根据下表进行调查,分析该性状的遗传方式。

遗传性状	本人	祖父	祖母	外祖父	外祖母	父亲	母亲	其他家庭成员
卷发:+/−								
头发螺纹:↖↙								
额"V"发际:+/−								
耳垂:+/−								
耳垢:油/干								
腋臭:+/−								
眼睑:单/重								
近视:+/−								
色盲:+/−								
翻舌:+/−								
卷舌:+/−								

续表

遗传性状	本人	祖父	祖母	外祖父	外祖母	父亲	母亲	其他家庭成员
拇指超伸:+/-								
小指内弯:+/-								
惯用手利:左/右								
身高:								
血型:								
发现特殊疾病(有家族史)								
特殊疾病症状(表现型)								

附录 人类部分性状与遗传机制

分类	性状		遗传机制
体表性状	头发的颜色	黑发	显性遗传
		红发	隐性遗传
	头发的形状	卷曲	显性遗传
		直发	隐性遗传
	发际线	V 字形发际线	显性遗传
		一字形发际线	隐性遗传
	眼睛的颜色	黑、褐色	显性遗传
		蓝、灰色	隐性遗传
	眼睑形状	有眼睑	显性遗传
		无眼睑	隐性遗传
	耳垂的形状	有耳垂	显性遗传
		无耳垂	隐性遗传
	舌的形态	可向中间卷曲成槽状	显性遗传
		不能卷曲成槽状	隐性遗传
	酒窝	没有酒窝	隐性遗传
		有酒窝	显性遗传
	拇指弯曲	可以向后弯曲	隐性遗传
		不可以向后弯曲	显性遗传
	食指长短	食指较无名指长	显性遗传
		食指较无名指短	隐性遗传
	足的形态	正常足	显性遗传
		平足	隐性遗传
行为习惯	习惯用手	惯用左手	显性遗传
		惯用右手	隐性遗传
	双手嵌合状态	左手拇指在上	显性遗传
		右手拇指在上	隐性遗传
生理生化	血型	A 型、B 型、AB 型	显性遗传
		O 型	隐性遗传

续表

分类	性状		遗传机制
部分常见	心血管疾病	先天性颅面骨发育不全	显性遗传
		强直性肌营养不良	显性遗传
		先天性心脏病	多基因控制
		高血压	多基因控制
		冠状动脉硬化	多基因控制
	精神疾病	亨廷顿舞蹈病	显性遗传
		原发性癫痫	多基因控制
		精神分裂症	多基因控制
遗传病	血液疾病	椭圆形红细胞增多症	显性遗传
		镰状细胞贫血	隐性遗传
		血友病	伴 X 隐性遗传
	皮肤疾病	雀斑	显性遗传
		白化病	隐性遗传
	泌尿系统疾病	遗传性肾炎	伴 X 显性遗传
		原发性肾性尿崩症	伴 X 隐性遗传
		遗传性果糖不耐受	隐性遗传

（贾利云）

实验十七 苯丙酮尿症的诊断与筛查

【英文概述】

Phenylketonuria (PKU) is a genetic disorder that is characterized by an inability of the body to utilize the essential amino acid, phenylalanine. Amino acids are the building blocks for body proteins. "Essential" amino acids can only be obtained from the food we eat as our body does not normally produce them. In "classic PKU", the enzyme that breaks down phenylalanine phenylalanine hydroxylase, is completely or nearly completely deficient. This enzyme normally converts phenylalanine to another amino acid, tyrosine. Without this enzyme, phenylalanine and its' breakdown chemicals from other enzyme routes, accumulate in the blood and body tissues. Although the term "hyperphenylalaninemia" strictly means elevated blood phenylalanine, it is usually used to describe a group of disorders other than classic PKU. These other disorders may be caused by a partial deficiency of the phenylalanine breakdown enzyme or the lack of another enzyme important to the processing of this amino acid.

【实验目的】

1. 掌握苯丙酮尿症的临床特征及发病机制。
2. 掌握 PCR-STR 诊断苯丙酮尿症的方法。
3. 掌握 Guthrie 细菌抑制法与 $FeCl_3$ 试验筛查苯丙酮尿症的原理。

【实验原理】

苯丙酮尿症(phenylketonuria,PKU)是一种严重的氨基酸代谢病,呈常染色体隐性遗传(AR)。由于 PKU 患者肝内缺乏苯丙氨酸羟化酶(phenylalanine hydroxylase,PAH),使得苯丙氨酸不能转化为酪氨酸,而是通过旁路代谢途径转化为苯丙酮酸和苯乳酸,并在血液和脑脊液中大量堆积。血中游离的苯丙氨酸含量可达到 15 ~ 60 mg/dl(正常人为 1 mg/dl)。大量的苯丙氨酸及其代谢物会对婴儿的神经发育产生损害,导致患者出现严重的智力低下。其中一部分过剩的苯丙酮酸由肾脏排出,患者形成特殊的鼠样臭味尿,因此,该病得名苯丙酮尿症(图 17-1)。如果该病早期发现并及时治疗,患者的智力发育可接近正常。因此,PKU 的早期诊断与筛查显得尤为重要。

PCR-STR 诊断法　目前,在中国人群中发现的 PAH 基因的突变已达 30 余种,但是突变热点很不集中。因此,通过直接检测 PAH 基因突变进行 PKU 的基因诊断受到很大限制。有研究发现在 PAH 基因第 3 内含子中有一短串联重复序列"TCTA"在人群中表现高度多态性。因此,可以通过 STR 连锁分析诊断胎儿是否为 PKU 患者。

图 17-1　苯丙酮尿症患者

常用的 PKU 的早期筛查方法有以下两种：

Guthrie 细菌抑制法　枯草杆菌的营养缺陷型芽胞需要苯丙氨酸作为底物才能正常生长。如果在枯草杆菌的培养基中加入与苯丙氨酸结构相似的拮抗剂 β-2-噻吩丙氨酸，枯草杆菌则不能生长。但当苯丙氨酸或其代谢物在血中的含量足够大时，可克服拮抗剂对枯草杆菌的对抗作用，枯草杆菌又可正常生长。利用此特征，将待检浸血的滤纸片放入加有拮抗剂 β-2-噻吩丙氨酸和枯草杆菌芽胞的培养基中，当血斑中的苯丙氨酸含量能中和 β-2-噻吩丙氨酸的作用时，菌斑可生长。生长菌斑的直径大小一般与血斑中的苯丙氨酸含量成正比，与已知浓度的苯丙氨酸的菌斑比较，可以半定量分析待测标本中的苯丙氨酸浓度。此法特别适合新生儿苯丙酮尿症的筛查。

$FeCl_3$ 显色试验　血液中某种氨基酸及其中间代谢物的水平增高，超过肾小管的重吸收能力会从尿中排出。所以，苯丙酮尿症患者尿中有相应的氨基酸及其代谢物浓度增高现象。对受检者进行尿检查检测，是筛查氨基酸代谢病的重要手段。PKU 患者尿中排泄大量的苯丙酮酸，在酸性条件下，$FeCl_3$ 中的 Fe^{3+} 可与烯醇式苯丙酮酸反应，生成 Fe^{3+} 与苯丙酮酸烯醇基的蓝绿色螯合物。由于烯醇式酮酸不稳定，所以出现的颜色褪色很快。磷酸盐对本试验有干扰，应先将其改变成磷酸铵镁沉淀后除去。

一、PCR-STR 法诊断苯丙酮尿症

【实验准备】

器材　PCR 仪、水浴锅、高速离心机、微量加样器、吸管、各种枪头、EP 管等。

试剂　PCR 缓冲液、dNTP、Taq DNA 聚合酶、PAH 引物、双蒸水、琼脂糖、100 bp Marker、溴化乙啶、蛋白酶 K、尿素、TBE 缓冲液、TEMED、过硫酸铵、丙烯酰胺等。

材料　8~11 周孕妇羊水、家系成员外周血。

【实验内容】

一、基因组 DNA 的提取

用一次性注射器抽取 PAH 家系成员的静脉血 3 mL,用 2% EDTA-Na$_2$ 200 μL 抗凝,充分混匀,采用酚-氯仿法提取基因组 DNA,提取步骤如下:

1. 取 600 μL 全血,加入等体积 2×蔗糖 Triton。

2. 上下颠倒、混匀,呈透亮感,能透过光。

3. 离心 12 000 r/min,离心 5 min。

4. 加入 EDTA-Na$_2$ 450 μL+10% SDS 40 μL+PK 10 μL,将血膜弹开,37 ℃孵育 3 h 以上。

5. 加酚 450 μL,混匀,12 000 r/min,离心 5 min。

6. 取上清,加入酚、氯仿各 250 μL,混匀,12 000 r/min,离心 5 min。

7. 取上清,加入氯仿 450 μL,12 000 r/min,离心 5 min。

8. 取上清,加入 3M NaCl 40 μL,再加入 1 000 μL 的无水乙醇,混匀可见白色絮状沉淀。

9. 离心 12 000 r/min,弃上清,恒温箱 37 ℃干燥约 30 min。

10. 加入无菌水 30~60 μL,将 DNA 弹开溶解,放入-20 ℃冰箱备用。

Chelex-100 提取羊水 DNA,提取步骤如下:

1. 取 100 μL 羊水,15 000 r/min 离心 3 min,弃上清液。

2. 加入 200 μL 10% chelex-100 和 2 μL 10 mg/L 蛋白酶 K,混合均匀,置于 50 ℃水浴中保温 30 min,其间轻微振荡 2 次(10 s/次)。

3. 然后 98 ℃保温 8 min,漩涡振荡 10s,12 000 r/min 离心 5 min,小心吸取上清液备用。

二、PCR 扩增目的基因片段

PCR 引物设计参照文献,引物序列如下:PAH-F:5′-GCCAGAACAACTACTGGTTC-3′;PAH-R:5′-AATCATAAGTGTTCCCAGAC-3′。

反应体系如下:

10×Buffer　　　　2.0 μL;

DNTPs　　　　　1.6 μL;

模板 DNA　　　　1.0 μL;

Primer　　　　　10.4 μL;

Primer　　　　　20.4 μL;

H$_2$O　　　　　14 μL;

Taq 酶　　　　　0.6 μL。

将其混匀,放在 PCR 仪上进行扩增。扩增条件:94 ℃预变性 5 min;94 ℃ 30 s,56 ℃ 30 s,72 ℃ 30 s,30 个循环;72 ℃延伸 5 min。

三、PCR 产物的检测

制备 80 g/L 的变性聚丙烯酰胺凝胶,灌胶后室温凝固 1 h,150 V 电压预电泳 30 min 后,取 5 μL 酶切产物与 2 μL 溴酚蓝混匀后上样。1×TBE 电泳液,500 V 恒压电泳 2 ~ 3 h。凝胶经过蒸馏水冲洗 1 ~ 2 次,EB 染色,应用凝胶成像系统进行成像处理、分析。

四、结果分析

如图 17-2,可知父亲的第 1 条片段、母亲的第 2 条片段与致病基因连锁。父亲的第 2 条片段和母亲的第 1 条片段是正常的。胎儿的第 1 条片段来自父亲的正常片段,第 2 条片段来自母亲的致病基因连锁片段,因此,该胎儿为 PKU 致病基因的携带者。

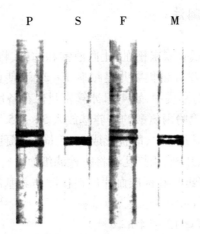

图 17-2　非变性聚丙烯酰胺凝胶电泳结果
P. 先证者;S. 胎儿;F. 父亲;M. 母亲

【注意事项】

1. 在临床应用中,对于有完整的核心家系者,首先采用 PCR-STR 连锁分析。对于核心家系不全或 PCR-STR 连锁分析不能做出准确基因诊断者需结合 PCR-SSCP 等其他方法进行联合分析。

2. 对产前诊断后出生的新生儿除了做 PKU 筛查之外,还应检测其血液中苯丙氨酸的浓度,以确保产前诊断的可靠性。在漏诊的情况下,做到早期诊断和治疗。

二、苯丙酮尿症的筛查

【实验准备】

器材　恒温培养箱、水浴锅、离心机、高压灭菌锅、试管、烧杯、量筒、离心管、吸管、培养皿、滤纸、打孔器、无菌镊子、移液管、离心机等。

试剂　细菌悬浮液、细菌芽胞悬浮液、氨基酸-盐溶液、加有拮抗剂 β-2-噻吩丙氨酸的检测培养基、100 g/L 的 $FeCl_3$ 溶液、称取 $FeCl_3$ 10 g、加蒸馏水至 100 mL、浓盐酸、磷酸盐沉淀剂、称取 $MgCl_2$ 2.2 g、NH_4Cl 1.4 g、浓氨水 2 mL、加水至 100 mL 等。

材料　待测与对照的血片、待测与对照的尿液。

【实验内容】

一、Guthrie 细菌抑制法

1. 消毒采血部位,用滤纸吸取末梢血,让血液饱和滤纸,将滤纸在空气中干燥。如果做新生儿筛查,应在出生后 72 h 采集婴儿足跟血 1～2 滴,使血滴浸透滤纸正反两面,室温空气干燥 3 h 以上,放入防潮袋中,置 4 ℃冰箱密封保存备用。

2. 将加有拮抗剂 β-2-噻吩丙氨酸的培养基放入 50～55 ℃的水浴中,加入细菌芽胞悬液 2 mL,混匀,趁热倒入培养皿中,静置形成 3～5 mm 的凝胶。

3. 将滤纸片在沸水中蒸片刻,用打孔器将待检滤纸血片打成 3～6 mm 直径的血斑纸片。用无菌镊子将待检血斑纸片和标准血片放在检测培养基的表面,同一培养基可放多个待检血片,间距 1.2～2.0 cm。

4. 加盖,置于 37 ℃下孵育 12～24 h。

5. 一般情况下,枯草杆菌因受到培养皿中抑制剂的作用而不能生长或极少生长;若血液中含有较高浓度的苯丙氨酸,细菌生长不受限制,可出现较大的细菌增殖环,即为阳性反应。与标准血片周围的细菌生长环直径相比较,可以估算出待测血片的苯丙氨酸的浓度。

二、$FeCl_3$ 筛查试验

1. 取干燥洁净的试管 2 支,分别加入 4 mL 正常尿和受检者尿,向两个试管各加入 1 mL 磷酸盐沉淀剂,混匀,静置 3 min,如果出现沉淀,离心除去。

2. 加入浓盐酸 2～3 滴使其酸化,再加入 $FeCl_3$ 溶液 2～3 滴,摇匀,每加 1 滴立即观察颜色变化。

3. 如果尿液呈蓝绿色并持续 2～4 min 不褪色,即为阳性。如不显色或绿色消失或出现其他颜色,均为苯丙酮酸阴性。

【注意事项】

1. 检查新生儿血液中苯丙氨酸浓度要在哺乳 72 h 后进行。否则没有蛋白质负荷,血中苯丙氨酸不会上升,可造成假阴性结果。

2. 细菌芽胞、琼脂等成分要充分混匀,如果培养基中的成分不均匀,细菌生长环的直径就与苯丙氨酸的浓度不成比例,就会产生假阳性和假阴性结果。

3. 尿筛查的干扰因素较多,如胆红素、含酚类药物和氯丙嗪等均可造成假阳性结果。

【实验报告】

1. 报告实验结果,并对结果进行讨论。

2. 哪些因素可导致实验出现假阳性与假阴性结果?

附注

1. 细菌悬浮液的制备 枯草杆菌 ASTCC6633 接种在普通的肉汤培养基上,在 4 ℃ 条件下保存。

2. 细菌芽胞悬浮液的制备 将枯草杆菌先在马铃薯-琼脂培养基上培养 1 d,次日取出纯菌落,接种在马铃薯-琼脂培养基上在 37 ℃ 下培养 1 周后,将培养基上的细菌用 5 mL 注射水洗脱,倾入试管内,置于 65 ℃ 水浴中 0.5 h,使枯草杆菌成为芽胞。离心 10 min,弃上清液,再加注射水 5 mL,混匀,离心,弃上清液,反复洗涤 3 次,再置于 65 ℃ 水浴中 0.5 h,将其完全变成芽胞,置于冰箱内备用。用时将细菌芽胞液稀释成悬液,在 4 ℃ 条件下保存。每次配制 200 mL 培养基加入 2 mL 悬液。

3. 氨基酸-盐溶液的配制 K_2HPO_4 30.0 g,KH_2PO_4 10.0 g,NH_4Cl 5.0 g,NH_4NO_3 1.0 g,$NaSO_3$ 1.0 g,L-谷氨酸 1.0 g,L-门冬酰胺 1.0 g,L-丙氨酸 1.0 g,$MnSO_4 \cdot 7H_2O$ 100 mg,$MnCl_2 \cdot 4H_2O$ 10 mg,$FeCl_3 \cdot 6H_2O$ 10 mg,$CaCl_2$ 5 mg。将以上试剂依次溶于 900 mL 蒸馏水中,pH 6.8~7.0。分装成 90 mL/瓶,灭菌备用。

4. 检测培养基的制备 将 100 mL 3% 的琼脂于 50~55 ℃ 下加热熔化,加入已预热至 50~55 ℃ 的氨基酸-盐溶液 90 mL,10% 蔗糖 10 mL,0.01 mol/L β-2-噻吩丙氨酸 0.3 mL,细菌芽胞悬液 2 mL。

5. 马铃薯-琼脂培养基的制备 马铃薯去皮切成薄片,每 200 g 马铃薯加水 1 000 mL,置于 80 ℃ 浸泡 1 h。用纱布过滤,稀释至 1 000 mL。在 667 kPa 压力下灭菌 30 min,即成马铃薯浸液。每 100 mL 马铃薯浸液加入葡萄糖 2 g,琼脂 1.5~2 g,在 667 kPa 压力下灭菌 30 min 备用。

(贺 颖)

实验十八　PCR-RFLP 技术在甲型血友病基因诊断中的应用

【英文概述】

Inmolecular biology, the term restriction fragment length polymorphism (RFLP) is used in two related contexts: as a characteristic of DNA molecules (arising from their differing nucleotide sequences) by which they may be distinguished, and as the laboratory technique which uses this characteristic to compare DNA molecules. The technique is utilized in genetic fingerprinting and paternity testing. Usually, DNA from an individual specimen is first extracted and purified. Purified DNA may be amplified by Polymerase Chain Reaction (PCR). The DNA is then cut into restriction fragments using suitable endonucleases, which only cut the DNA molecule where there are specific DNA sequences, termed recognition sequence, recognized by the enzymes. The restriction fragments are then separated according to length by agarose gel e-lectrophoresis. The resulting gel may be enhanced by Southern blotting.

【实验目的】

1. 掌握 PCR-RFLP 分析技术的基本原理。
2. 掌握 PCR-RFLP 技术进行基因诊断的基本流程。
3. 熟悉聚丙烯酰胺凝胶银染的方法。

【实验原理】

限制性内切酶(restriction endonuclease)是进行遗传研究的重要工具酶。它具有严格的碱基识别位点,应用它切割人的 DNA 可以得到大小不同的 DNA 片段,用凝胶电泳分离这些片段,会形成一定的区带。如果 DNA 序列发生缺失、倒位、插入或置换变化,则原来的酶切位点可能被改变而出现新的切点,DNA 片段长度也随之而改变,这种变异就称为限制性片段长度多态性(restriction fragment length polymorphisms),简称 RFLPs。但是,由于 RFLPs 多态信息含量较低,分析技术步骤烦琐、工作量大、成本较高,所以应用受到了一定的限制。

将聚合酶链反应(polymerase chain reaction, PCR)与 RFLP 方法结合的 PCR-RFLP 技术是在 PCR 技术的基础上发展起来的,该方法操作简便易行,结果准确可靠。其基本原理如下:如果 DNA 的突变位点发生在某种限制性内切酶的识别位点,这段 DNA 就会增加或丢失该限制性酶的酶切点。运用 PCR 扩增出目的片段后,用该限制性内切酶进行酶切,野生型和突变型样本会产生长度不同的酶切产物。然后用琼脂糖凝胶电泳或者聚丙烯酰胺凝胶电泳分离分析酶切产物,根据酶切图谱的判断即可确定检测结果。具体流程包括:①PCR 扩增:利用一对或数对特异性引物扩增目的 DNA 片段;②酶切:利用特定的限制性内切酶消化 PCR 产物,如果 PCR 产物中含有相应的酶切位点,则 PCR 产物就会被切开;③电泳:利用琼脂糖凝胶或聚丙烯酰胺凝胶电泳分离酶切后的 PCR 产物,根据电泳图谱判读结果。

甲型血友病(hemophilia A),又名第Ⅷ因子缺乏症。患者常有关节、肌肉及软组织自发性出血,重症患者常有关节、肌肉畸形。本病为 X 连锁隐性遗传,基因定位于 Xq28,迄今已发现 80 多种点突变、6 种插入、7 种小缺失及 60 种大缺失。采用 PCR-RFLP 技术即可对其进行基因诊断,对防止甲型血友病重型患儿的出生十分有效。此外,杂合子的鉴定对开展遗传咨询也具有十分重要的意义。

【实验准备】

器材 EP 管、离心管、吸管、加样器、枪头、PCR 扩增仪、电泳仪、电泳槽、水浴锅、紫外透射仪、离心机等。

试剂 上海生工公司的锌Ⅱ限制性内切酶、PCR 试剂、FⅧ因子引物序列:上游引物 5′-TAAAAGCTTTAAATGGTCTAGGC-3′;下游引物:5′-TTCGAATTCTGAAATTATCTTGTTC-3′、上样缓冲液、电泳缓冲液、40% 聚丙烯酰胺。

材料 DNA 样品,包括待检者、先证者及其双亲的样品。

【实验内容】

一、基因组 DNA 的提取

抽取甲型血友病家系成员的静脉血 3 mL,用 2% EDTA-Na$_2$ 200 μL 抗凝,充分混匀,采用酚-氯仿法提取基因组 DNA,提取步骤如下:

1. 取 600 μL 全血,加入等体积 2×蔗糖 Triton。

2. 上下颠倒、混匀,呈透亮感,能透过光。

3. 12 000 r/min,离心 5 min。

4. 加入 EDTA-Na$_2$ 450 μL+10% SDS 40 μL+PK 10 μL,将血膜弹开,37 ℃孵育 3 h 以上。

5. 加酚 450 μL,混匀,12 000 r/min,离心 5 min。

6. 取上清液,加入酚、氯仿各 250 μL,混匀,12 000 r/min,离心 5 min。

7. 取上清液,加入氯仿 450 μL,12 000 r/min,离心 5 min。

8. 取上清液,加入 3M NaCl 40 μL,再加入 1 000 μL 的无水乙醇,混匀可见白色絮状沉淀。

9. 12 000 r/min,离心,弃上清液,恒温箱 37 ℃干燥约 30 min。

10. 加入无菌水 30~60 μL,将 DNA 弹开溶解,放入-20 ℃冰箱备用。

二、PCR 扩增目的基因片段

在 0.5 mL EP 管中加入以下试剂:

10×Buffer	5 μL;
DNTPs	5 μL;
模板 DNA	1 μL;
Primer1	5 μL;
Primer2	5 μL;
H₂O	28.5 μL;
Taq 酶	5 U

将其混匀,加入 35 μL 石蜡油,放在 PCR 仪上进行扩增。扩增条件:94 ℃预变性 5 min;94 ℃ 40 s,53 ℃ 40 s,63 ℃ 1.5 min,35 个循环;63 ℃延伸 5 min。

三、PCR 产物的鉴定

取 5 μL PCR 产物与 1 μL 溴酚蓝上样缓冲液充分混匀后,于 20 g/L 琼脂糖凝胶上电泳,电压 5 V/cm,60 min,用 100 bp DNA Ladder 为相对分子质量标准,核定 PCR 扩增产物的大小和扩增特异性,有 142 bp 条带者进一步做酶切。

四、限制性内切酶酶切

1. 取 40 μL 扩增产物加 2.5 倍的冷乙醇-20 ℃保存 2～4 h。
2. 15 000 r/min,离心 10 min。
3. 弃上清液,沉淀用体积分数 70%冷乙醇洗两遍。
4. 沉淀晾干后,用 20 μL 水溶解。
5. 在 0.5 mL EP 管中依次加入 10×Buffer 2 μL,PCR 产物 10 μL,H₂O 6 μL,*Bcl* I 5 U。
6. 混匀后离心 5 s,55 ℃水浴中保温 2～3 h。

五、电泳分型

制备 12%(交联比为 29∶1)的非变性聚丙烯酰胺凝胶,灌胶后室温凝固 1 h,150 V 电压预电泳 30 min 后,取 8 μL 酶切产物与 2 μL 溴酚蓝混匀后上样。1×TBE 电泳液,50 V 恒压电泳 3～4 h。凝胶经过冰乙酸固定 20 min,硝酸银染色 30 min,碳酸钠显色 3 步处理至清晰,应用凝胶成像系统进行成像处理、分析。

六、结果分析

利用 RFLPs 进行基因连锁分析需要满足两个条件:①必须有先证者;②致病基因的

携带者必须是某限制性内切酶多态位点的杂合子。当 FⅧ基因 18 内含子无 Bcl I 多态位点存在时〔即 *Bcl* I(−)〕,只出现一条 142 bp 的条带。当 FⅧ基因 18 内含子存在该 *Bcl* I 多态位点时〔即 *Bcl* I(+)〕,将产生 99 bp 与 43 bp 的片段。结合家系中先证者及其他成员的带型进行综合分析,可以判断 142 bp 的片段与致病基因连锁(图 18-1)。

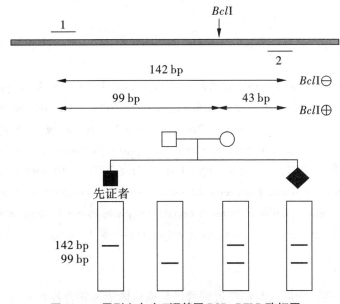

图 18-1　甲型血友病 FⅧ基因 PCR-RFLP 酶切图

【注意事项】

1. PCR-RFLP 法要求必须有先证者的 DNA 样品,否则不能进行 RFLP 分析。

2. 可以先取出 2 μL 酶解产物用微型电泳检查酶切是否彻底,以决定是否结束酶切反应。

3. 酶切必须彻底,否则会导致错误的基因分析结论。

【实验报告】

1. 写出 PCR-RFLP 连锁分析的实验原理及技术路线。

2. 打印并分析实验结果。

(贺　颖)

实验十九 核仁形成区与随体联合的银染与观察

【英文概述】

As in the majority of Neotropical fish karyotypes, the P. lineatus karyotype contains only one chromosome pair with nucleolar organizing regions (NORs) (Pauls and Bertollo, 1990). The in situlocation of ribosomal genes indicates synteny for the 18S and 5S rDNA sites of P. lineatus and Prochilodus argenteus as well as polymorphism in the number of 18S genes (Jesus and Moreira - Filho, 2003; Hatanaka and Galetti Jr., 2004). To investigate the level of conservation of these characters between different P. lineatus populations we analyzed the 18S and 5S rDNA sites of a specific P. lineatus population, giving special attention to polymorphism analysis of the 18S sites as revealed by different chromosome banding methods.

【实验目的】

1. 了解银染核仁形成区与银染近端着丝粒染色体随体联合技术。
2. 掌握银染染色体镜下识别方法。

【实验原理】

人类近端着丝粒染色体的副缢痕处与核仁形成有关,故称核仁形成区(nucleolus organizer rejoin, NOR)。已知人类的 18 S ~ 28 S 核糖体 RNA 基因(rRNA 编码的基因)位于核仁形成区。使用银染技术可特异性地使核仁形成区被染成黑色。但是核仁形成区被银着色受到一定的限制,只有当 rRNA 基因具有转录活性;或其上仍有残余的与 rRNA 相联系的酸性蛋白质时,核仁形成区才能被银染着色。因此核仁形成区着色频率与细胞中存在多少有转录活性的 rRNA 基因相一致。在不同生理、病理条件下,计算细胞中银染核仁形成区(Ag-NOR)的频率,可以使我们了解分析 rRNA 基因活性的动态变化。该技术使核仁形成区的分析与研究简便易行,是目前探讨 rRNA 基因功能的重要方法之一。

人类近端着丝粒染色体的随体间常易发生联合,这种联合可能是造成近端着丝粒染色体不分离和易位的原因。应用银染技术,可在发生联合的染色体间清楚看到有银染物质相连。因此,用它作为近端着丝粒染色体联合(satellite association)的标准。

【实验准备】

器材 水浴锅、温箱、玻璃平皿、镊子。

试剂 甲酸、$AgNO_3$。

材料 人类外周血染色体标本(白片)。

【实验内容】

1. 标本制备

准备　将未染色的人类外周血染色体标本置室温条件下放置 2~3 d。蒸馏水配制体积分数 0.2% 甲酸溶液待用(可室温保存数天)。

银染　将 500 mg AgNO₃,溶于 1 mL 体积分数 0.2% 甲酸溶液,混匀后立即滴在标本玻片上 4~5 滴,覆盖上擦镜纸并使溶液均匀平铺于玻片上,将标本放置于 60 ℃的水浴箱支架上,或者将玻片标本放置在玻璃平皿上,其中预先放置 2 根平行的牙签使玻片平置,然后将玻璃平皿漂浮在 60 ℃的水面上,上水浴箱盖,处理 3~4 min,至擦镜纸呈棕黄色为止。

冲洗　揭掉擦镜纸,用蒸馏水冲洗残余染液并晾干。

2. 标本的观察分析

近端着丝粒染色体联合的计数　选择标本质量良好、D 组和 C 组染色体完整、银染着色清晰的中期分裂象,计数 D 组和 G 组近端着丝粒染色体中的 Ag-NOR 数目。凡是有银染色点的近端着丝粒染色体,不论单侧还是双侧的银染点都计数为 1 个有银染的染色体(图 19-1)。

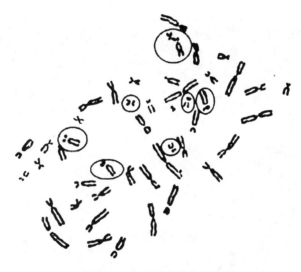

图 19-1　箭头示近端着丝粒染色体中的 Ag-NOR

近端着丝粒染色体联合的计数　凡近端着丝粒的染色体之间有银染物质相连或连丝者,均计数为近端着丝粒染色体联合。

【注意事项】

所用硝酸银越纯越好,用过的玻璃平皿、水浴箱内的水要经常更换,并保持所用器具的清洁,这样银染后的标本才不会杂质较多。此外,要注意防止银染液溅至衣物和手上,以免留下难以去除的黑迹。

【实验报告】

1. 计数 30 个正常人染色体核型中 Ag-NOR、近端着丝粒染色体联合数目。
2. 简述 Ag-NOR 的制备过程和注意事项。

（齐　华）

实验二十 Southern 印迹杂交

【英文概述】

Southern blotting was named after Edward M. Southern who developed this procedure at Edinburgh University in the 1970s. To oversimplify, DNA molecules are transferred from an agarose gel onto a membrane. Southern blotting is designed to locate a particular sequence of DNA within a complex mixture. The process of Southern blotting was as follows：①Digest the DNA with an appropriate restriction enzyme. ②Run the digest on an agarose gel. ③Denature the DNA. For example, soak it in about 0.5M NaOH, which would separate double-stranded DNA into single-stranded DNA. Only ssDNA can transfer. ④Transfer the denatured DNA to the membrane. ⑤Probe the membrane with labeled ssDNA. ⑥Visualize your radioactively labeled target sequence. If you used a radiolabeled ^{32}P probe, then you would visualize by auto-radiograph. Biotin/streptavidin detection is done by colorimetric methods, and bioluminescent visualization uses luminesence.

【实验目的】

1. 掌握 Southern 印迹的基本原理。
2. 熟悉 Southern 印迹的一般操作流程。

【实验原理】

Southern 印迹杂交(Southern blot)是一种利用标记探针与靶 DNA 进行核酸分子杂交的技术,是以它的发明者 Dr. Southern 命名的。Southern 印迹杂交在遗传病诊断、DNA 图谱分析以及 PCR 产物分析等方面具有重要的应用价值。其基本原理是:具有一定同源性的两条核酸单链在一定的条件下,可按碱基互补的原则特异性地杂交形成双链。一般利用琼脂糖凝胶电泳分离经限制性内切酶消化的 DNA 片段,将胶上的 DNA 变性并在原位将单链 DNA 片段转移至尼龙膜或其他固相支持物上,经干烤或者紫外线照射固定,再与相对应结构的标记探针进行杂交,用放射自显影或酶反应显色,从而检测特定 DNA 分子的含量。

Southern 印迹杂交技术包括两个主要过程:一是将待测定核酸分子通过一定的方法转移并结合到一定的固相支持物(硝酸纤维素膜或尼龙膜)上,即印迹(blotting);二是固定于膜上的核酸与同位素标记的探针在一定的温度和离子强度下退火,即分子杂交过程。具体流程如下:首先,将经过限制性内切酶酶切的 DNA 片段进行琼脂糖凝胶电泳。DNA 片段经电泳分离后,按分子量大小排列在琼脂糖凝胶上。但是,由于凝胶的机械强度低,在长时间的预杂交和杂交过程中容易断裂,DNA 片段也会逐渐扩散,甚至离开凝胶。1975 年,Southern 发明了利用浓盐酸溶液的推动作用将变性的单链 DNA 转移到硝酸纤维素膜(nitrocellulose filter membrane,NC 膜)上的方法,解决了原位转移的问题。然后经碱变性,Tris 缓冲液中和,高盐下通过虹吸作用将 DNA 从凝胶中转印至硝酸纤维素滤膜上,烘干固定后即可用于杂交。凝胶中 DNA 片段的相对位置在 DNA 片段转移到滤膜的过程中继续保持着。附着在滤膜上的 DNA 与 ^{32}P 标记的探针杂交,利用放射自显影技术确定探针互补的每条 DNA 带的位置,从而确定在众多酶解产物中含某一特定序列的 DNA 片段的位置和大小(图 20-1)。

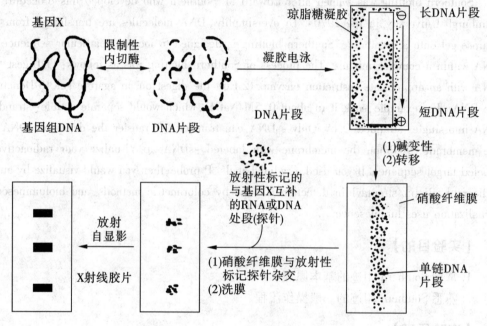

图 20-1　Southern 印迹杂交的基本流程图

【实验准备】

　　器材　搪瓷盘、玻璃板、硝酸纤维素膜、平皿和支架、吸水滤纸、真空烤箱、高速离心机、琼脂糖凝胶电泳系统、高压灭菌锅、卫生纸、裁纸刀、杂交盒、X 光片、保鲜膜、一次性手套等。

　　试剂　4 种 dNTP(其中一种为 ^{32}P 标记的 dCTP)、Klenow 酶、随机引物、氯化钠、柠檬酸钠、盐酸、氢氧化钠、蔗糖、硼酸、溴酚蓝、Tris、SDS、显影粉、定影粉、0.25 mol/L HCl、变性液、0.5 mol/L NaOH 溶液、1 mol/L NaCl 溶液、中性液、0.5 mol/L Tris-HCl 溶液、2 mol/L NaCl 溶液、转移液、10×SSC、5×TBE 250 mL、TE 溶液、6×溴酚蓝上样液、EB 染色液等。

　　材料　提取好的 PUC19 质粒 DNA。

【实验内容】

一、获得 PUC19 质粒 DNA(由老师准备)。

二、质粒 DNA 的琼脂糖凝胶电泳

1. 用 0.5×TBE 配制 10 g/L 的琼脂糖凝胶。
2. 在 50 V 左右电压下进行电泳,当溴酚蓝移动到距胶前沿 1 cm 时,停止。
3. 用 EB 染色 15 min,在紫外灯下观察电泳结果,如果条带清晰,照相,待用。

三、Southern 转移

1. 电泳后的凝胶经溴化乙啶染色并在紫外灯下照相后,用刀片将未用过的区域切掉,并将凝胶切掉 1 个角,放入搪瓷盘中。
2. 用 0.25 mol/L HCl 浸泡 10~20 min。轻轻摇动,当溴酚蓝由蓝色转变成橘黄色时停止,用蒸馏水漂洗 2 次。
3. 在室温下将凝胶浸泡在变性液中,放置 30~40 min,使 DNA 双链充分变性。
4. 用蒸馏水漂洗 2 次。
5. 将凝胶浸泡在中性液中放置 40 min,不断摇动。
6. 用蒸馏水漂洗 2 次。
7. 将 2 个直径 20 cm 的玻璃平皿并排放置,里面倒入 20×SSC,2 个平皿上面放 1 块干净的玻璃板,玻璃板上铺两张 Whatman No. 1 滤纸,滤纸与玻璃板同宽,滤纸的两个边垂入 20×SSC 中,使溶液不断地吸到滤纸上。
8. 将 NC 膜裁成与凝胶大小一致,并在相应的位置裁掉 1 个角,然后用双蒸水浸湿,再转入 20×SSC 溶液中浸泡约 30 min。
9. 将中和处理好的凝胶滑到已用 Whatman No. 1 滤纸铺好的玻璃板中央,小心用镊子将 NC 膜准确放到凝胶上,用玻璃棒赶走一切存在于 NC 膜与凝胶间的气泡。
10. NC 膜上盖 1 张同样大小的普通滤纸,再次赶走气泡。
11. 预先裁 1 叠同样大小的卫生纸,纸的大小略比 NC 膜小 2 cm。压在滤纸上,约 10 cm 厚。
12. 在卫生纸上放置 1 块玻璃板,玻璃板上放 1 个 500 g 的重物。
13. 让凝胶上的 DNA 于室温下转移 12 h 或过夜。
14. 取出 NC 膜,用 6×SSC 溶液漂洗,以去掉可能粘在膜上的凝胶。
15. 将 NC 膜置于真空烤箱中,75~85 ℃烘烤 4 h。
16. 固定后,将 NC 膜封在塑料袋中保存于干燥处待杂交(图 20-2)。

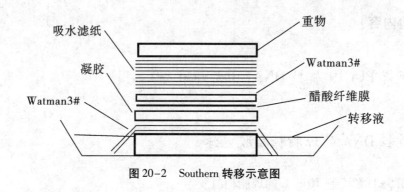

图 20-2　Southern 转移示意图

四、Southern 杂交

1. 变性　放在鱼精 DNA 的变性 100 ℃沸水中 10 min,然后迅速插入冰中。

2. 预杂交　将已经烘烤过的 NC 膜放入杂交盒中,加入预热的的杂交液 10 mL,同时加入变性的鱼精 DNA,65 ℃恒温水浴,预杂交 4 ~ 5 h。

3. 杂交　将变性探针加入杂交液中,混匀。

4. 孵育　65 ℃恒温水浴,杂交 12 h 或过夜。

5. 洗膜　一洗:2×SSC,0.1% SDS 10 min;二洗:1×SSC,0.1% SDS,10 min;三洗:0.5×SSC,0.1% SDS,10 min。

五、放射自显影

1. 将滤膜用保鲜膜包好,放入 X 光片夹中,用同位素监测仪探测同位素强度,确定曝光时间。

2. 在暗室中将 NC 膜放在增感屏上,在滤膜上压上 X 光片,再压上增感屏后屏。

3. 放在-20 ℃曝光,曝光时间由第一步决定。

4. 在暗室中冲片,显影、水洗、定影,用水冲净后晾干。

【注意事项】

1. 尽可能在使用前配制新鲜凝胶,胶中不要含 EB,否则会引起非特异性背景。

2. 转移液的盐浓度对转移有一定的影响。20×SSC 的转移速度慢,但对小分子 DNA 容易完全转移;10×SSC 条件适中,能有效地转移 1 ~ 20 kb 的 DNA 分子;6×SSC 转移速度最快,对高分子量的 DNA 片段效果理想,但小分子 DNA 的转移效果差。因此,需要根据不同需要选择不同的转移浓度。

3. 用 0.25 mol/L HCl 处理的作用是脱嘌呤使 DNA 分子断裂,因此,有利于高分子量的 DNA 片段的转移,但处理时间不宜过长,否则会将 DNA 打断为 300 bp 以下的碎片,不能牢固结合到硝酸纤维素膜上。因此,待检 DNA 小于 10 kb 时可省略此步骤。

4. 转移时切忌移动上面的物品,防止出现重影现象。

5. 膜上的 DNA 固定很重要。固定不好时 DNA 在杂交的过程中会从膜上脱落下来。烤膜的温度不宜过高,否则会导致硝酸纤维素膜变脆。

6. 转膜必须充分,要保证 DNA 已经转到膜上。杂交条件及漂洗是保证阳性结果和背景反差对比好的关键。洗膜不充分会导致背景太深,洗膜过度又可能导致假阴性结果。

7. 整个实验需要 7～10 d 完成,条件不允许的话,可以只作 Southern 转移。

【实验报告】

1. 记录 Southern 印迹转移的技术流程。
2. 影响实验成败的因素有哪些?

（贺　颖）

实验二十一 PCR-SSCP 分析技术在 p53 基因突变诊断中的应用

【英文概述】

The PCR – SSCP technique can detect singlemutations in genes due to the altered conformation mobility of the single strands of DNA harboring the mutation relative to the wild-type strands that do not. Specific PCR primers are made that span the sequences of a given disease gene where a mutations is known to exist and the region amplified by PCR. The same region of the wild–type gene is PCR amplified. Even single point mutations lead to the strands of amplified DNA existing in different conformations which alter their mobility when subjected to electrophoresis in non–denaturing gels.

In order to visualize the PCR products following gel electrophoresis, the PCR products are separated in a polyacrylamide gel and visualized by the dying of silver. Individuals that are homozygous at the locus being analyzed will exhibit two distinct bands in the gel. However, due to the nucleotide change the mutant PCR products will migrate with different motilities in the gel. Individuals that are heterozygous will exhibit a pattern consisting of all four bands.

【实验目的】

通过本实验的学习,初步掌握 PCR-SSCP 技术的基本原理和基本操作程序。

【实验原理】

单链构象多态性(single strand conformation polymorphism, SSCP)是指单链 DNA 由于碱基序列的不同可引起构象差异,这种差异将造成相同或相近长度的单链 DNA 电泳迁移率不同,从而可用于 DNA 中单个碱基的替代、微小的缺失或手稿的检测。在低温条件下,单链 DNA 呈现一种由内部分子相互作用形成的三维构象,它影响了 DNA 在非变性凝胶中的迁移率。相同长度但不同核苷酸序列的 DNA 由于在凝胶中的不同迁移率而被分离。迁移率不同的条带可被银染或者荧光标记引物检测,然后用 DNA 自动测序进行分析。

用 SSCP 法检查基因突变时,通常在疑有突变的 DNA 片段附近设计一对引物进行 PCR 扩增,然后将扩增物用甲酰胺等变性,并在聚丙烯酰胺凝胶中电泳,突变所引起的 DNA 构象差异将表现为电泳带位置的差异,从而可据之做出诊断。PCR-SSCP 是一种基于 PCR 的 SSCP 分析技术,不仅用于检测基因点突变和短序列的缺失和插入,还用于 DNA 定量分析,监测 PCR 诊断实验中的交叉污染情况,以及传染源的调查等。PCR-SSCP 法具有能快速、灵敏地检测有无点突变或多态性的优点,但如欲阐明突变的碱基性质,则需作序列分析。

p53 是一种肿瘤抑制基因。在所有恶性肿瘤中,50%以上会出现该基因的突变。由这种基因编码的蛋白质是一种转录因子,其控制着细胞周期的启动。许多有关细胞健康的信号向 P53 蛋白发送。关于是否开始细胞分裂就由这个蛋白决定。如果这个细胞受损,又不能得到修复,则 P53 蛋白将参与启动过程,使这个细胞在凋亡中死去。有 p53 缺陷的细胞没有这种控制,甚至在不利条件下继续分裂。像所有其他肿瘤抑制因子一样,p53 基因在正常情况下对细胞分裂起着减慢或监视的作用。p53 能够判断 DNA 变异的程度,如果变异较小,这种基因就促使细胞自我修复,若 DNA 变异较大,p53 就诱导细胞凋亡。

在人类 50%以上的肿瘤组织中均发现了 p53 基因的突变,这是肿瘤中最常见的遗传学改变,说明该基因的改变很可能是人类肿瘤产生的主要发病因素。p53 基因突变后,由于其空间构象发生改变,失去了对细胞生长、凋亡和 DNA 修复的调控作用,p53 基因由抑癌基因转变为癌基因。利用 PCR-SSCP 方法快速、简便地检出 p53 基因的突变,为肿瘤相关基因的研究提供了方便。有文献报道在肿瘤细胞中 p53 基因第 7 外显子点突变频率比较高,所以本实验对第 7 外显子进行检测。

【实验准备】

器材　微量加样器、PCR 自动热循环仪、聚丙烯酰胺凝胶电泳装置等。

试剂　上下游引物(5 μmol/L)、Taq DNA 聚合酶(5 U/mL)、10×PCR 反应缓冲液、4×dNTPs(2.5 mmol/L)、10%过硫酸铵、TEMED(N,N,N′,N′-四甲基乙二胺)、10×TBE、0.03%二甲苯青、0.05%溴酚蓝、30%聚丙烯酰胺(丙烯酰胺:N,N′-甲叉双丙烯酰胺=49:1)、染色液、固定液、显色液等。30%聚丙烯酰胺(29:1)配置方法:丙烯酰胺29 g、甲叉双丙烯酰胺 1 g,溶于 100 mL ddH$_2$O 中,4 ℃保存。10%过硫酸铵配制方法:1 g过硫酸铵,溶于 10 mL ddH$_2$O 中,4 ℃保存(可用数周)。5×TBE 缓冲液配置方法:Tris 碱54 g、硼酸 27.5 g、0.5M EDTA(pH 8.0)20 mL,加 ddH$_2$O 至 1 000 mL。变性上样液配置方法:95%甲酰胺、0.03%二甲苯青、0.05%溴酚蓝、20 M EDTA(pH 8.0)。

材料　癌组织样本 DNA(100 μg/L)。

【实验内容】

一、PCR 反应

第 7 外显子点突变检测引物序列如下:

F:5′-GTGTTGTCTCCTAGGTTGGC-3′,

R:5′-AA-GTGGCTCCTGACCTGGAG-3′,188 bp。

20 μL 反应体系成分:

模板 DNA(100 μg/L)　　1 μL;　　　　10×PCR 反应缓冲液　　　　2 μL;

Taq DNA 聚合酶(5 U/mL)　0.2 μL;　　4×dNTPs(2.5 mmol/L)　1 μL;

p53 上下游引物各 1 μL；　　　　ddH$_2$O 加至终体积　　　20 μL。

在 0.5 mL EP 管中加入以上试剂，将其混匀，加入 35 μL 石蜡油，放在 PCR 仪上进行扩增。扩增条件为：

95 ℃预变性,5 min；

94 ℃ 30 s、60 ℃ 50 s、72 ℃ 90 s,共 30 个循环；

72 ℃延伸,7 min。

反应结束后,扩增产物 4 ℃保存。

二、非变性聚丙烯酰胺凝胶电泳

1. 安装夹心式垂直板电泳槽(图 21-1)

1)用洗涤剂清洗玻璃板,自来水反复冲净洗涤剂,双蒸水冲洗 3 次,晾干,体积分数 95% 乙醇擦拭,自然干燥。

2)装上贮槽和固定螺丝销钉,仰放在桌面上。

3)将长、短玻璃板分别插到凵形硅橡框的凹形槽中,注意勿用手接触灌胶面的玻璃。

4)将已插好玻璃板的凝胶模(图 21-2)平放在上贮槽上,短玻璃板应面对上贮槽。

5)将下贮槽的销孔对准已装好螺丝销钉的上贮槽,双手以对角线的方式旋紧螺丝帽。

6)竖直电泳槽,在长玻璃板下端与硅胶模框交界的缝隙内加入已融化的 10 g/L 琼脂糖。其目的是封住空隙,凝固后的琼脂糖中应避免有气泡。

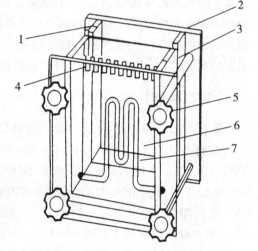

图 21-1 聚丙烯酰胺凝胶电泳槽示意图
1. 导线接头;2. 下贮槽;3. 凹形橡胶框;4. 样品槽模板;5. 固定螺丝;6. 上贮槽;7. 冷凝系统

2. 制胶　按照被分离 DNA 片段的大小、含量及玻璃板、衬条的大小决定凝胶的浓度与体积。一般来讲,使用 5% ~8% 的凝胶较为合适。我们使用 6% 的非变性聚丙烯酰胺凝胶。制备方法如下:30%聚丙烯酰胺(交联度 49∶1)10 mL,5×TBE 缓冲液 10 mL,加蒸馏水至 50 mL,轻轻摇匀配制的胶液,加 TEMED 25 μL、10% 过硫酸铵 250 μL,混匀后灌胶。

3. 灌制凝胶　将玻璃模具倾斜成 60°角,将混匀后的胶溶液倾倒入长、短玻璃板间的窄缝内,加胶高度距短玻璃上缘 0.5 cm 处,立即插入相应的点样梳(小心勿使梳齿下带进气泡,并且不要将梳齿全部插入胶内,留约 2 mm 梳齿于玻璃板上端,以免拔梳时把胶孔拔断)。由于凝胶在聚合过程中有回缩,所以应小心添加些胶液于梳子处,水平放置,室温聚合 1 h。约 1 h 后将胶板放入电泳槽,加入电泳缓冲液(1×TBE),使液面没过短玻璃板(加样孔上缘)约 0.5 cm,小心取出点样梳,用注射器吸取缓冲液反复冲洗点样孔,以去除可能存在的未聚合的聚丙烯酸胺和气泡。

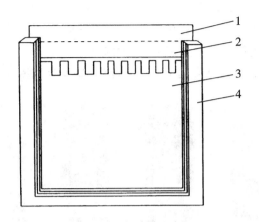

图 21-2　凝胶模示意图

1.样品槽模板;2.长玻璃板;3.短玻璃板;4.凹形橡胶框

4.样品的处理及加样　将扩增产物按 1∶1 比例加入样品缓冲液并转移到 Eppendorf 管中,混匀,轻轻盖上盖子(不要塞紧,以免加热时进出),样品上胶前应 98 ℃变性 10 min,迅速冰浴骤冷。用微量加样器取 3~5 μL 变性样品(根据点样孔的大小决定上样量),以微量加样器小心地将样品加到加样孔底部(上样时要注意不要有气泡冲散样品,而且速度要快,时间长了样品易于扩散)。

5.电泳　以 1~8 V/cm 电泳 4~5 h。

三、聚丙烯酰胺凝胶染色

1.电泳结束后,倒弃电泳缓冲液,取下电泳胶玻璃,用塑料楔子从玻璃板底部一角小心分开玻璃,凝胶应附着在一块玻璃上,切去凝胶左上角,作为点样顺序标记。取下聚丙烯酰胺凝胶,放到一个塑料盘内,用蒸馏水冲洗两遍。

2.倒入固定液(体积分数 10% 乙醇和体积分数 0.5% 冰醋酸溶液),固定 30 min。

3.用蒸馏水冲洗两遍,倒入染色液(0.2% $AgNO_3$ 溶液),银染 10 min。

4.用蒸馏水冲洗三遍,倒入显色液(1.5% NaOH 和 0.4% 甲醛溶液),显色至出现清晰的银染带。

5.用 0.75% $NaCO_3$ 终止显色。

6.用蒸馏水浸泡聚丙烯酰胺凝胶,观察 PCR-SSCP 结果。

四、结果分析

单链凝胶电泳时,互补单链迁移率不同,一般形成两条单链带。PCR 产物进行单链凝胶电泳之前,通过加热变性产生单链。如变性不彻底,残留双链亦可形成一条带。因此,PCR-SSCP 分析结果可显示三条带。由于一种 DNA 单链有时可形成两种或多种构象,因此可检出三条或四条单链带。

因此,在进行 SSCP 检测时,要设置阳性对照和阴性对照,还要设置样本未变性对照。在判断结果时,要根据具体样本电泳带型与各组对照进行比较。如图 21-3 所示,样本 A 为点突变阳性对照,样本 B 为点突变阴性对照,样本 C 和 D 均未发生点突变。

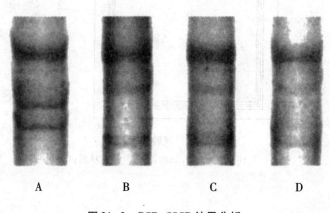

A　　　　　　B　　　　　　C　　　　　　D

图 21-3　PCR-SSCP 结果分析

【注意事项】

1. 核酸片段的大小　用于 SSCP 分析的核酸片段越小,检测的敏感度越高。一般情况下,对于< 200 bp 的片段,SSCP 可发现其中 70% 的变异;对于 300 bp 左右的片段,则只能发现其中 50% 的变异;而对于>500 bp 的片段,则仅能检出 10% ~30% 的变异。因此,对于<300 bp,尤其是 150 bp 左右的核酸片段更适于 SSCP 分析。对于> 400 bp 的 PCR 产物就需要设法进一步处理,可以用限制性酶消化 PCR 产物,产生< 400 bp 的 DNA 片段,再进行 SSCP 分析。

2. 游离引物　游离引物可能同 PCR 产物结合而改变其泳动率,即使游离引物量为 6 nM 都有明显影响。因此,应尽可能除去游离引物。可以采用不对称引物扩增方法,尽可能消耗多余的引物;也可以运用过柱或磁性球方法纯化 PCR 产物;或者是稀释 PCR 产物,减少游离引物的干扰。

3. 低浓度变性剂　凝胶中加入低浓度的变性剂,如 5% ~10% 甘油、5% 尿素或甲酸胺、10% 二甲基亚砜(DMSO)或蔗糖等有助于提高敏感性,可能是因为轻微改变单链 DNA 的构象,增加分子的表面积,降低单链 DNA 的泳动率。但有些变异序列却只能在没有甘油的凝胶中被检出。因此,对同一序列使用 2~3 种条件做 SSCP,可能提高敏感性。

4. 电泳温度　温度有可能直接影响 DNA 分子内部稳定力的形成及其所决定的单链构象,从而影响突变的检出。室温下电泳适于大多数情况,但由于在电泳时温度会升高,为确保电泳温度相对恒定,应采取以下措施:减少凝胶厚度,降低电压,有效的空气冷却或循环水冷却等。

5. 凝胶浓度及厚度　凝胶浓度很重要,一般使用 5% ~8% 的凝胶(表 21-1),如果在进行未知突变种类的 SSCP 分析时,最好采用两种以上凝胶浓度,这样可以提高突变种类的检出率。凝胶的厚度对 SSCP 分析也很重要,凝胶越厚,背景越深,在上样量较多的前提下,凝胶越薄越好。

表 21-1 DNA 片段长度与聚丙烯酰胺凝胶浓度的选择

DNA 片段长度(核苷酸数)	聚丙烯酰胺(%)
200 bp ~ 1 kb	12
200 bp ~ 500 bp	8
700 bp ~ 1 kb	3.5
500 bp ~ 700 bp	5

6. 假阴性 一般认为,如果没有污染,PCR-SSCP 分析不存在假阳性结果,但可能出现假阴性结果,后者是由于点突变引起的空间构象变化甚微,迁移率相差无几所致,尤其是点突变发生在扩增片段的两端时。如果有阳性和阴性对照,结果可以重复确定的突变带是可信的;如果没有阳性对照,应经测序来确定其是否为突变带。由于 PCR-SSCP 的不足之处主要是可能检出假阴性结果,应通过设置阳性对照,摸索电泳条件,假阴性结果在很大程度上是可以避免的。但对未知基因变异的检测,假阴性结果就难以百分之百地消除。

7. 结果分析 单链凝胶电泳时,互补单链迁移率不同,一般形成两条单链带。PCR 产物进行单链凝胶电泳之前,通过加热变性产生单链。如变性不彻底,残留双链亦可形成一条带。因此,PCR-SSCP 分析结果至少显示三条带。但是,由于一种 DNA 单链有时可形成两种或多种构象,检出三条或四条单链带就不足为奇。

【实验报告】

1. PCR-SSCP 可应用在哪些方面?
2. 查阅相关文献,试述抑癌基因失活的几种方式。点突变失活的检测方法有哪些?

(贾利云)

第三部分

综合性实验

实验二十二　人类染色体标本的制备与分析

染色体的形态结构在细胞增殖周期中是不断地运动变化的,处于有丝分裂中期的染色体形态最清晰,也最典型。因而,中期是观察分析染色体的最佳阶段,常用于染色体研究和临床染色体病的诊断。

在体外适当培养下能分裂的组织细胞群,均可作为细胞遗传学研究的材料,用于制备染色体标本。常用的材料包括外周血淋巴细胞、骨髓细胞、胸水细胞、腹水细胞、性腺活检组织、胎儿绒毛细胞、实体瘤组织、胎儿羊水细胞,以及皮肤、肝、肾等组织。外周血淋巴细胞具有取材方便、培养简单等优点,被广泛应用于染色体标本的制备中。正常情况下,外周血的淋巴细胞一般都是处于间期的 G_0 或 G_1 期不分裂状态,用植物血凝素 (phytohemagglutinin, PHA) 可刺激淋巴细胞转化为幼稚的淋巴母细胞,恢复其增殖能力而进入有丝分裂。

因此,可采取少量外周静脉血做短期培养,待培养细胞进入增殖旺盛期,在终止细胞培养前数小时加入适量秋水仙素,可阻止纺锤丝的形成,使分裂中的细胞停止在中期,经低渗、固定、滴片、染色,就可以得到大量的非显带的分裂中期的染色体标本。非显带染色体核型分析主要用于诊断染色体数目异常的病例,但对于易位、倒位和微小的缺失等染色体结构畸变均不能检出,使其临床应用受到极大的限制。

染色体显带技术是在非显带染色体技术的基础上发展起来的,常规制备染色体标本,用碱、胰蛋白酶或其他盐溶液处理后再用特定的染料染色,使染色体沿其长轴呈现明暗或深浅相间的横行带纹称为带型(banding pattern)。显带技术能显示染色体本身更细微的结构,有助于准确识别每一条染色体及诊断染色体异常的疾病。

一、人类外周血淋巴细胞培养及染色体标本制备

【英文概述】

Human peripheral blood lymphocytes, usually at a G_1 (G_0 phase), is not split under normal circumstances. If we add phytohemagglutinin (PHA) to the culture medium, which can transform small lymphocytes into T lymphocyte cells entering mitosis, after a short training, colchicine, permeabiliy and fixed, we are likely to be large numbers of mitotic cells. One ML of normal human peripheral blood contains about 1 000 000 ~ 3 000 000 small lymphocytes. Chromosome specimens adequate preparation and analysis.

【实验目的】

1. 熟悉人体外周血淋巴细胞培养的原理和方法。
2. 初步掌握人类外周血淋巴细胞染色体标本的制备方法。

【实验原理】

正常情况下,人体外周血淋巴细胞不再分裂,但加入一种高分子糖蛋白复合物——植物血凝素(PHA),即可刺激血中的淋巴细胞转化成淋巴母细胞,使其恢复增殖能力而进行有丝分裂。因此,可抽取少量外周静脉血,做短期培养,培养至72 h细胞进入增殖旺盛期,在终止细胞培养前2～4 h加入适当浓度的有丝分裂阻断剂——秋水仙素,它可以特异性地抑制纺锤丝的形成,从而使细胞分裂停滞在分裂中期。由此可以获得大量处于分裂中期的染色体,便于染色体标本的制备与观察。

进行人体外周血淋巴细胞培养除要满足离体细胞生存生长所必需的温度、渗透压、pH、无机盐、营养物质和生长因子等条件,还不能受到外界微生物的污染。因此,细胞培养所需的一切器皿、试剂和实验材料等都要进行刷洗、消毒,培养过程须进行严格的无菌操作。

【实验准备】

器材　超净工作台、电热恒温培养箱、水浴锅、冰箱、分析天平、高压消毒锅、抽滤泵、离心机、培养瓶、注射器、离心管、载玻片、吹风机、毛细管、滴头、烧杯、pH试纸、酒精灯、显微镜、显微照像等。

试剂　RPMI-1640、小牛血清、植物血凝素(PHA)、肝素(0.2%)、青霉素、碳酸氢钠、0.075 mol/L氢化钾、甲醇、冰醋酸、Giemsa原液、磷酸缓冲液(pH 6.8)、三蒸水、10 mg/L秋水仙素等。

材料　人外周静脉血。

【实验内容】

(一)细胞培养液的配制及分装

1. 培养液的配制　RPMI-1640 粉剂 10.4 g;NaHCO$_3$ 1 g;溶于 1 000 mL 双蒸水,用 G$_6$ 漏斗经真空抽滤除菌后,放在超净工作台内,然后在超净工作台内按以下比例加入:

RPMI-1640 培养液　　体积分数 80%;
小牛血清　　　　　　体积分数 20%(分装前需 56 ℃灭活,30 min);
PHA　　　　　　　　0.2 mL/5 mL;
青霉素　　　　　　　100 U/mL;
链霉素　　　　　　　100 U/mL。

2. 分装　将配好的培养液,在洁净工作台内,用 5% NaCO$_3$ 调 pH,使 pH 值在 7.2 ~ 7.4 之间,然后按每瓶 5 mL 分装在细胞培养瓶内,冰冻保存,临用时,37 ℃温箱溶化。

(二)全血培养

1. 采血　用 2 ~ 5 mL 灭菌注射器,吸取肝素 0.1 ~ 0.2 mL,湿润针管,排去空气按常规方法消毒采血部位,抽取静脉血 1 ~ 2 mL,然后转动注射器,使血液与肝素混匀。

2. 接种　将注射器针头直接穿过培养瓶的橡胶塞,注入全血(7 号针头 20 滴),水平晃动摇匀,置 37 ℃恒温培养箱内静置培养 72 h。

3. 秋水仙素处理　在培养 68 ~ 70 h 后,加入秋水仙素溶液 3 ~ 4 滴(5 号针头,使秋水仙素浓度达到 0.2 mg/L。摇匀后,37 ℃恒温培养箱内继续培养 1 ~ 2 h)。

(三)标本制备

1. 收集细胞　取出培养瓶,去掉瓶塞,将培养液混匀后,倒入 5 mL 离心管中, 1 000 r/min,离心 10 min。

2. 低渗处理　倒去上清液(注意要一次倒完,不要来回操作,以免丢失细胞),加入预温的 37 ℃ 0.075 mol/L KCl 溶液 5 mL。用吸管吹打均匀放入 37 ℃恒温水浴锅内 30 ~ 35 min。

3. 预固定　将标本从水浴锅内拿出,即加入 0.5 mL 固定液(甲醇∶冰醋酸＝3∶1)混匀,1 000 r/min 离心 10 min。

4. 固定　倒去上清液,加入固定液 5 mL(注意固定液需新鲜配制)用吸管轻轻打匀,室内静置 15 ~ 20 min。

5. 再固定　以 1 000 r/min 离心 10 min,倒掉上清液,加入 5 mL 固定液,吹打均匀后,室温静置 30 min 或过夜,再次以 1 000 r/min 离心 10 min。

6. 再固定　倒掉上清液,加入 5 mL 固定液,室内静置 20 min,1 000 rpm 离心 10 min。

7. 制片　倒去上清液,留 0.5 mL,加入适量固定液(注意根据细胞多少),吹打成悬液,用吸管吸取少量细胞悬液,滴 2 ~ 3 滴在洁净的玻片上(注意玻片需放在冰箱内冷冻),然后在酒精灯上过一下,便于细胞散开,放入室内或干燥箱内干燥,备用。图 22-1

为染色体标本制备过程示意图。

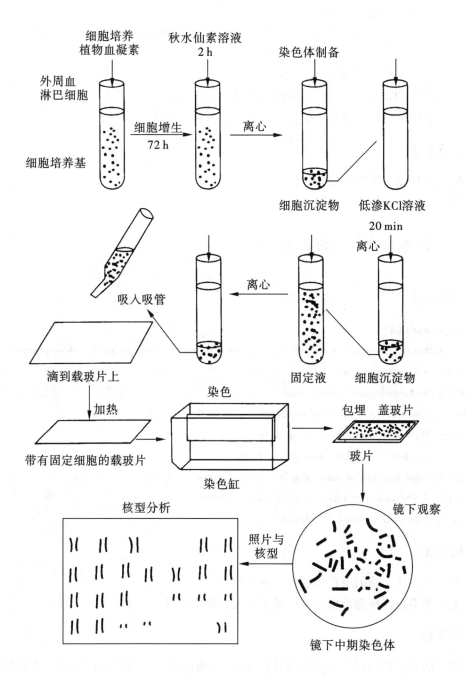

图 22-1　染色体标本制备过程示意图

【注意事项】

1. 注意在制备培养基时要严格进行无菌操作,防止交叉污染。

2. 选择合适的秋水仙素浓度以及处理细胞的时间。浓度过大、时间过长,则染色体缩短、变粗;浓度过小、作用时间过短,则分裂象太少。

3. 低渗是制片的关键。如果低渗时间过短,染色体不分散;时间过长,丢失的细胞多,不利于观察。根据自己实验室的情况,适当掌握。

4. 离心速度不能过高,否则细胞团块不易打开。

5. 吹打要均匀,不要吹打过猛,否则细胞易破碎,染色体数目不完整。

6. 染色时应避免染料沉附在标本上,影响观察,应及时冲洗玻片。

【实验报告】

1. 写出人类外周血淋巴细胞染色体标本制备技术流程图。
2. 写出低渗与秋水仙素在细胞培养中的作用。

二、人类体细胞染色体的核型分析

【英文概述】

Karyotype analysis

1. Get a photo of chromosomes, identify the normal human karyotype has 46 chromosomes.

2. Cut off each chromosome.

3. Pairing the homologous chromosome.

4. Draw a base line in a piece of paper.

5. Arrange the chromosome according to the rules.

6. Measure each arms of the chromosome pair.

7. Calculate the fraction of each arm in the total arms' length.

8. Get the short/long arm ratio for each pair of chromosome.

9. Do a statistics for at least 30 photos.

【实验目的】

1. 掌握正常人体细胞的染色体数目与形态特点。
2. 熟悉人类染色体核型分析的方法及正常人的核型特征。

【实验原理】

不同物种的染色体数目各不相同,但同一物种的染色体数目相对恒定。染色体数目的恒定对维持物种的稳定性具有十分重要的意义,染色体数目也是物种鉴定的重要标志之一。正常人类体细胞中含有 46 条染色体,相互配成 23 对,其中 22 对为常染色体,另 1 对为 X 和 Y 染色体,男性细胞中含有 1 条 X 染色体和 1 条 Y 染色体,女性体细胞中含有 2 条 X 染色体,不含 Y 染色体。

每一人类中期染色体包含 2 条染色单体(chromatid),由 1 个着丝粒(centromere)相连接,从着丝粒向两端伸展的部分称为染色体的臂,长臂用 q 表示,短臂用 p 表示。根据着丝粒的位置不同,将染色体分为三种类型:

中央着丝粒染色体　　着丝粒位于染色体纵轴的 1/2~5/8 处;
亚中着丝粒染色体　　着丝粒位于染色体纵轴的 5/8~7/8 处;
近端着丝粒染色体　　着丝粒位于染色体纵轴的 7/8~末端。

将 1 个体细胞的全套染色体按形态、大小递减顺序和着丝粒的位置进行排列所构成的图像称为核型(karyotype)。对核型的染色体数目、形态特征进行分析,再系统地剪贴、配对的过程即为核型分析(karyotype analysis)。图 22-2 为正常男性核型,书写为:46,XY;图 22-3 为正常女性核型,书写为:46,XX。

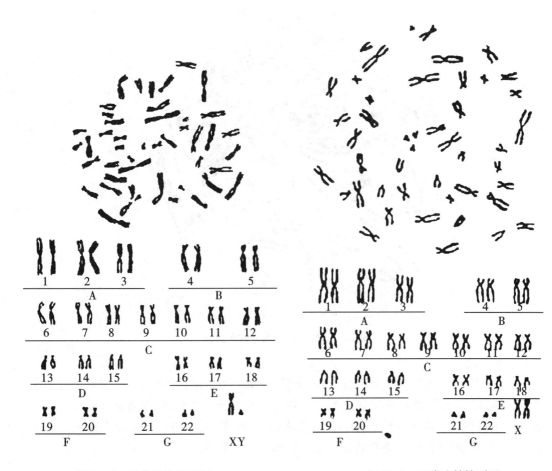

图 22-2　正常男性核型图　　　　　图 22-3　正常女性核型图

【实验准备】

器材　显微镜、擦镜纸、小剪刀、小镊子、大玻璃皿。
试剂　香柏油、二甲苯。
材料　核型报告纸、正常人类染色体标本片、人类中期染色体核型图片。

【实验内容】

（一）正常人染色体标本片的观察

每人取 1 张正常人染色体标本片,先在低倍镜下选择合适的中期分裂象,然后转换油镜,首先计数,然后再按着丝粒位置进行观察。

1.数目观察 选择分散好的、清晰的分裂象移至视野中央,转换油镜,开始计数,注意先将染色体按自然分布区大致分成几个小区,然后按区域逐区清查计数,每个中期分裂象需重复计数 2~3 次(图 22-4)。

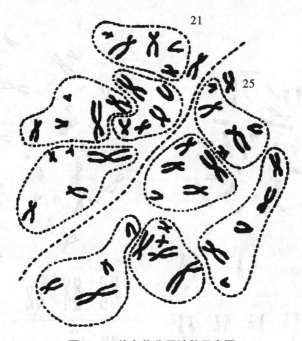

图 22-4 染色体分区计数示意图

2.性别鉴定 确定染色体数目为 46 条后,仔细观察性染色体的组成,如果含有 2 条 X 染色体,即为正常女性;如果含有 1 条 X 染色体和 1 条 Y 染色体,即为正常男性。

3.结构观察 选择分散好的中期染色体分裂象,用油镜观察,仔细观察染色体的形态、大小和着丝粒位置,准确判断每一条染色体的具体类型。

（二）核型分析

每位同学取两张同样的染色体中期分裂象照片或图片,将其中 1 张完整地贴于实验报告上端,以便上下核对,另 1 张按以下步骤进行分析:

1.计数 方法同前。其目的是可首先确定此核型染色体数目是否正常,即是否为 46 条。

2.剪裁 将每条染色体按自然形态逐个剪下,统一归放一处,避免丢失。注意剪裁时要保持染色体的完整性,以免造成人为的断裂或缺失。

3. 分组配对　按照表22-1各组各号染色体鉴别特征将所有染色体分组、定号、配对。在分析过程中注意先将 A、B、D、E、F 和 G 组染色体选定,最后再识别较难的 C 组染色体。

表 22-1　常规染色体鉴别要点

组别	序号	大小	着丝粒位置			次缢痕	随体	其他
			中央	亚中	近端			
A	1~3	最大	1、3		2	1 号常见	无	1~3 号染色体在长度略有差别
B	4~5	大		4、5			无	着丝粒约近 1/4 处,短臂较短
C	6~12+X	中等		6~12+X		9 号常见	无	6 号、7 号、8 号、11 号染色体短臂比 9 号、10 号、12 号染色体的短臂长。X 染色体大小介于 6~7 号染色体之间,其短臂也较长
D	13~15	中等			13 14 15	13 号偶见	有	
E	16~18	小	16	17、18		16 号常见	无	
F	19~20	次小	19、20				无	
G	21~22+Y	最小			21 22 Y		有	Y 染色体无随体,大小介于 21~22 号染色体之间,但个体差异较大,其长臂紧并且较平直。21 号染色体略小于 22 号染色体

4. 粘贴　调整检查后,将每对染色体整齐地贴在报告纸上,注意,在粘贴时成对染色体应相互靠近,着丝粒应尽量保持在同一水平线上,染色体应短臂向上,长臂向下,最后写明分析结果及受检者核型。

另外,用染色体相对长度和着丝粒指数可对分析结果进一步验证,参考数值如表22-2。相对长度是指单个染色体长度与单倍染色体加 X 染色体的总长度之比,以百分数表示。着丝粒指数是指短臂占整个染色体长度的比率,它决定着丝粒的相对位置。

$$相对长度 = \frac{每条染色体长度}{单倍染色体总长度 + X 长度} \times 100\%$$

$$着丝粒指数 = \frac{短臂长度}{染色体全长} \times 100\%$$

表 22-2　人类染色体相对长度与着丝粒指数

组别	染色体号	相对长度（以单倍常染色体的总长度的百分数表示）	着丝粒指数（短臂长度/染色体全长×100）
A	1	9.11±0.53	48.0±2.6
	2	8.61±0.41	38.9±2.6
	3	6.97±0.36	47.3±2.1
B	4	6.49±0.32	27.8±3.3
	5	6.21±0.50	26.8±2.6
C	6	6.07±0.44	37.9±2.5
	7	5.43±0.47	37.0±4.2
	X	5.16±0.24	37.5±2.7
	8	4.94±0.28	32.8±2.8
	9	4.78±0.39	32.7±4.1
	10	4.80±0.58	32.3±2.9
	11	4.82±0.30	40.5±3.3
	12	4.50±0.26	27.4±4.0
D	13	3.87±0.26	16.6±3.6
	14	3.74±0.23	18.4±3.9
	15	3.30±0.25	17.6±4.6
E	16	3.14±0.55	42.5±5.6
	17	2.97±0.30	31.9±3.3
	18	2.78±0.18	26.6±4.2
F	19	2.46±0.31	44.9±4.0
	20	2.25±0.24	45.6±2.5
G	21	1.70±0.32	28.6±5.0
	22	1.80±0.26	28.2±6.5
	Y	2.21±0.30	23.1±5.1

【思考题】

1. 正常人体细胞的全部染色体分几组？各组有何特征？

2. 镜下如何快速辨别男、女核型？

3. 核型分析中有何注意事项？

【实验报告】

每位同学完成一份正常核型分析。要求准确区分 A 组和 E 组各号染色体；报告整洁、整齐,无染色体丢失。

三、人类体细胞 G 显带染色体标本的制作、观察与核型分析

【英文概述】

G-banding analysis technology is a more precise understanding of chromosomes, which is a by trypsin treatment and Giemsa staining produced again. It will enable chromosome has a dark light-colored band, in the light of these bands, which can be used for more accurate identification of chromosomes. As the G-banding technique is easy to operate, has been widely used in research and clinical diagnosis of human cytogenetics.

【实验目的】

1. 掌握人类外周血染色体 G 显带带型特征。
2. 了解 G 显带标本的制备过程和镜下 G 显带染色体形态特征。

【实验准备】

器材　冰箱、染色缸、小镊子、小剪刀等。
试剂　0.25 g/L 胰蛋白酶、PBS 液、磷酸缓冲液(pH 6.8)、Giemsa 原液。
材料　外周血常规制备染色体标本(白片)、正常人染色体 G 显带标本照片等。

【实验原理】

用不同的方法或用不同的染料处理染色体标本后,使每条染色体上出现明暗相间或深浅不同的带纹的技术称为染色体显带技术(banding tecgnique)。它能显示染色体本身更细微的结构,有助于准确识别每一条染色体的特征及诊断染色体异常的疾病。

目前显带技术众多,主要有 G 带、C 带、Q 带、R 带、T 带以及高分辨染色体分析技术等等。但最主要和最常用的是 G 显带技术。它将染色体标本用胰蛋白酶处理后,再经 Giemsa 染色,可使染色体呈现出深色和浅色的带纹。一般认为,易着色的阳性带为富含 A-T 的染色体节段,复制晚,含基因较少;而富含 G-C 的染色体节段复制早,含基因较多,因而不易着色。根据这些带纹特征,可对染色体进行较为准确的辨别。G 显带技术因方法简便、带纹清晰、标本可长期保存等优点被广泛应用于人类细胞遗传学的研究和临床诊断中。

【实验内容】

(一) G 显带标本的制作

胰酶消化法(冷却法):
1. 处理标本　将外周血染色体制作标本放入 60 ℃烘箱内烘 2～4 h,或 37 ℃恒温箱

放置 24～48 h,即开始预处理。

2. 配制 0.25 g/L 胰蛋白酶溶液　称取 0.025 g 胰蛋白酶,溶入 PBS 溶液中,倒入染色缸内,放入 4 ℃冰箱内 30 min,让其自然完全溶解,使其温度保持在 4 ℃。

3. 消化　将染色体标本玻片放入胰蛋白酶溶液中,并不断摆动 1 min 左右。

4. 冲洗　取出标本后,在磷酸缓冲液中冲洗一下(主要是将胰酶液冲洗干净,终止消化)。

5. 染色　Giemsa 原液 1 mL,加磷酸缓冲液(pH 6.8)19 mL 混匀,滴在标本上,染色1～2 min,自来水冲洗。

6. 观察　空气中干燥后,使用油镜进行观察。

(二)G 显带染色体标本的观察

1. 取制作好的人类体细胞 G 显带染色体标本,在低倍镜下进行观察,选择分散适度、带纹清晰的 G 带中期分裂象置于视野中央。

2. 转换油镜进行观察,按照分区计数法的原则,先计数染色体的数目;再根据染色体的带型特征仔细观察每一条染色体。尤其对于未显带不易区别的 C 组染色体,可通过 G 显带的带纹进行正确的鉴别。

3. 进行性别鉴定时既可根据性染色体的带型特征来判断,也可根据标本中有无 Y 染色体来判断,如果 G 组染色体是 5 条,即为男性;如为 4 条,即可判断为女性。

(三)正常人 G 显带核型分析

按常规,将清晰、完整、显带好的分裂象进行显微镜照相,冲印成染色体带型照片,然后按下列各染色体特征逐一做认真分析。

1. 每人取 G 显带图片 1 张,把 G 带中期染色体图片中的每 1 条染色体剪下来,按每组特征粘贴在核型纸上。

2. G 显带的分类和命名是根据 ISCN 所规定的名称包括 4 个内容:染色体号、臂、区、带以着丝粒为起点,由近至远用阿拉伯数字表示。

3. 粘贴时,要按组,短臂朝上,长臂朝下,先贴 A 组、B 组,再贴 F 组、G 组,然后 D 组、E 组,最后 C 组,先易后难。

4. 粘贴完后,写出核型分析结果。

(四)人类染色体 G 带核型特征

A 组染色体　包括 1～3 号染色体。

1 号染色体　最大的 1 对染色体,中央着丝粒,短臂的近侧部一半有两条深带,远侧端有 3～4 条浅染的深带,长臂次缢痕紧贴着丝粒,着色很深,近侧端为一窄的浅带,中段和远侧段各有 2 条深带,近侧为一窄的浅带,中段和远侧段各有 2 条深带,中央 1 条最宽,着色最深。

2 号染色体　最大的 1 条亚中着丝粒染色体,短臂有 4 条深带,中部两条较靠近,长臂有 4～7 条带,接近着丝粒的 1/3 区带着色浅,其余远侧带纹分布较均匀,着色深。第 3

和第 4 深带有时融合,着丝粒染色较浅。

3 号染色体　中央着丝粒,两臂近似对称。形似"蝴蝶",着丝粒和臂内区段染色相当深,中部色浅,两臂远侧端染色更深,短臂近侧部可见 2 条深带,远侧部有 3 条深带,中间的 1 条着色更深,而近端的 1 条带较窄,着色浅。这是第 3 号染色体的特征,长臂与短臂相同,只是远端的深带比短臂宽。

B 组染色体　包括 4~5 号染色体,长度次于 A 组。

4 号染色体　亚中着丝粒染色体,短臂较短。比 5 号染色体着色更均匀,色更深,短臂中央有 1 条深带。长臂可见 4~5 条均匀分布的深带,近着丝粒处 1 条更深。

5 号染色体　与 4 号相同,都是亚中着丝粒。短臂中央有 1 条深带。长臂近侧端为一深带,中央可见 3 条深带,染色较深,往往融合在一起,远侧端 1~2 条深带,末端的 1 条深带着色更浓。

C 组染色体　包括 6~12 号染色体和 X 染色体,中等长度,亚中着丝粒染色体,不易辨别。

6 号染色体　短臂近侧部有一着色浅的宽带,宽带的远侧部为一着色深带,近侧深带紧贴着丝粒,中部为一明显而宽阔的浅带。长臂可见 5~6 条深带,分布比较均匀,远侧末端的 1 条深带窄而且着色较浅。

7 号染色体　着丝粒染色很深,短臂上有 2~3 条深带。中段深带着色较浅,有时不明显,远侧部的 1 条着色很深,而且宽,形如"瓶盖"。长臂可见 3 条明显的深带,近侧部和中部的 2 条带着色深,带型也较宽,远侧端着色浅,不难识别。

8 号染色体　短臂上一般可见到 2 条均匀的深带。中间被一浅带隔开。长臂上几条深带的界线不清楚,有 3~4 带,近侧部的深带着色不深,远侧部的深带则染色深。

9 号染色体　着丝粒染色深,短臂可见 2 条深带,有时融合为 1 条较宽的带,长臂有 2 条明显的深带,次缢痕通常不着色,在有的标本上呈现出特有的狭长而扭曲的"颈部区",有时在远侧端出现另一种狭长的深带。

10 号染色体　着丝粒着色深浓染,短臂可见 2 条深带不明显。长臂上有 3 条明显深带,分布较均匀,越是近侧端的带染色越深。

11 号染色体　短臂可见 2 条深带,着丝粒深染。长臂的近中部有 2 条深带与着丝粒之间有一宽浅带,这是与 12 号染色体相鉴别的一个明显特征。中部的 2 条深带常融合在一起,远侧部有一浅色带。

12 号染色体　与 11 号染色体相似。着丝粒指数是 C 组中最低的。短臂中部有一深带。长臂 3 条深带,中间 1 条最宽,其余 3 条深带形成的深染区比 11 号要宽,且稍偏近侧端。

X 染色体　其长度介于 7~8 号染色体之间,着丝粒通常为深染。短臂的中段有一明显的深带。长臂可见 4 条深带,近中部的 1 条深带最明显,带最宽。

D 组染色体　包括 13~15 号染色体。

13 号染色体　近端着丝粒染色体,有随体,短臂染色深,长臂有 4 条深带,第 1 和第 4 条较窄,第 2 条深色带较宽,染色较深。

14 号染色体　近端着丝粒染色体,着丝粒染色深,短臂随体着色不定。长臂有 4 条深带,近侧端第 2 条带和远侧端的第 4 条带特别明显,中段 1 条色较浅。

  15 号染色体 近端着丝粒染色体,着丝粒区浓染,短臂随体着色不定,长臂近侧端 1/2 处有一着色深的宽带,在近末端处有一中等着色的窄带。

  E 组染色体 包括 16～18 号染色体。

  16 号染色体 中等大小,中央着丝粒染色体,染色体着丝粒和上臂上的次缢痕着色均深。短臂着色浅,中段有 1 条深带,显色好的标本上可见有 2 条深带。长臂近中部有一明显的深带,着丝粒和次缢痕着色深。

  17 号染色体 亚中着丝粒染色体。短臂着色浅,中部有一窄深带。远端部可见一较宽的深带。它与着丝粒之间为一宽而明亮的浅带。

  18 号染色体 亚中着丝粒染色体。短臂近末端处有一窄深带。长臂着色深,在近侧端和远侧端各有 1 条明显的深带。近侧端的 1 条宽且深染。

  F 组染色体 包括 19、20 号染色体。

  19 号染色体 中央着丝粒染色体,着丝粒区浓染,着丝粒两侧为深染,其余为浅染。

  20 号染色体 最小中央着丝粒染色体,着丝粒区浓染,短臂有一明显深带。长臂为浅染,有时可见 1～2 条带。

  G 组染色体 包括 21、22 号染色体和 Y 染色体。

  21 号染色体 最小近端着丝粒染色体,比 22 号染色体小,有随体,长臂近侧有一明显深染的宽带。

  22 号染色体 近端着丝粒染色体,着丝粒区浓染,长臂上紧贴着丝粒处有一小的深带。

  Y 染色体 近端着丝粒染色体,短臂一般不着色,长臂的远侧部 1/2 处是核型中着色最深的区域,有时整个长臂被染成深色,可见到有 2 条带[图 22-5 为人类染色体高分辨 ISCN(1981 年)部分模式图,供参阅]。

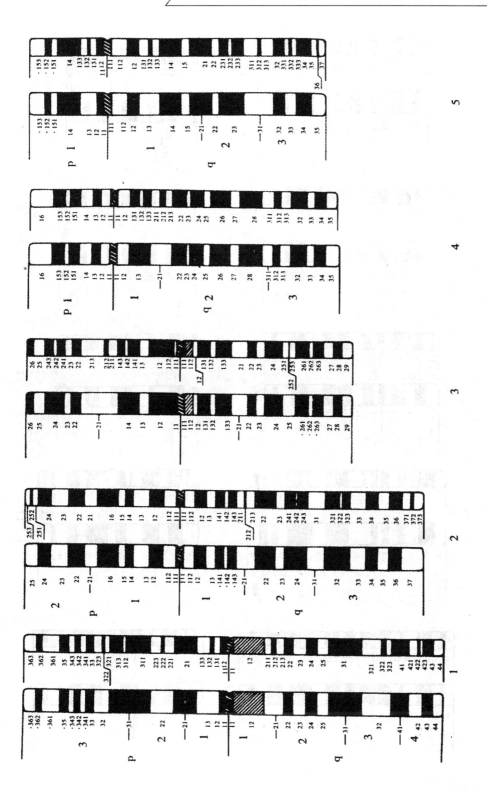

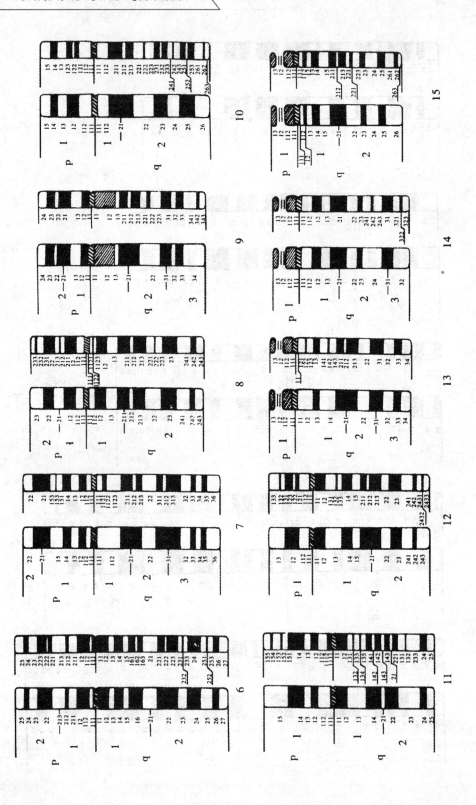

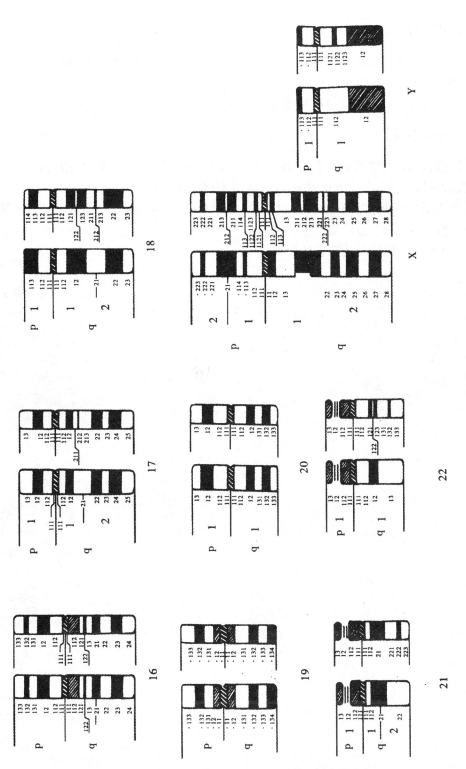

图 22-5　人类染色体高分辨 ISCN（1981 年）部分模式图

【实验报告】

1. 在油镜下仔细观察染色体 G 显带,按 G 显带带型熟记每条染色体特征,要求分辨出 A 组、B 组、D 组、F 组、G 组。

2. 每人剪贴 1 张 G 显带核型图片。

【注意事项】

1. 胰蛋白酶溶液需在使用前新配置。每次进行染色体 G 显带时,最好做一下预实验,摸索最佳的胰蛋白酶消化时间,以保证 G 显带标本的质量。

2. 胰蛋白酶消化时间是 G 显带技术的关键。消化时间过长,染色体形态成空泡,不利于观察;消化时间过短,染色体不分带。

3. 剪贴核型时不要让染色体丢失。

（贺　颖）

实验二十三　运用细胞遗传学技术进行遗传毒理效应的检测

　　遗传毒理学（genetic toxicology）是应用遗传学方法研究、探讨及评估物理、化学、生物等各种因素给生物遗传、人类健康带来的直接危害或潜在威胁，以及各种毒理效应产生机制的一门学科。遗传毒理效应主要表现为：①致畸（teratogenesis），环境因子影响胚胎正常发育，导致畸胎发生。②致癌（carcinogenesis），环境因子诱发生殖细胞或体细胞基因突变、染色体畸变，导致个体恶性肿瘤发生。③致突变（mutagenesis），环境因子诱发生殖细胞基因突变、染色体畸变等导致子代遗传病发病率增加。

　　目前，一些分子生物学技术（如单细胞凝胶电泳实验、荧光原位杂交技术、转基因技术等）虽已应用到各项遗传毒理检测中，但染色体畸变、微核试验、姐妹染色单体互换（SCE）试验等细胞遗传学常用技术在诱变剂（mutagen）或遗传毒物（genotoxic agent）的检测中发挥了重大作用。细胞遗传学技术以其稳定、简便、经济的特性仍被广泛使用，如各种化学物质安全性的评估、人类环境的现场监视、人群健康监测，以及遗传毒性与疾病、肿瘤的流行病学调查等方面。

一、致染色体畸变的方法与观察

【英文概述】

Structure aberrations of chromosome are divided into:

Deletions: A portion of the chromosome is missing or deleted.

Duplications: A portion of the chromosome is duplicated, resulting in extra genetic material.

Inversions: A portion of the chromosome has broken off, turned upside down and reattached, therefore the genetic material is inverted.

Translocations: When a portion of one chromosome is transferred to another chromosome. There are two main types of translocations. In a reciprocal translocation, segments from two different chromosomes have been exchanged. In a Robertsonian translocation, an entire chromosome has attached to another at the centromere; these only occur with chromosomes 3, 14, 15, 21, and 22.

Rings: A portion of a chromosome has broken off and formed a circle or ring. This can happen with or without loss of genetic material.

【实验目的】

1. 了解染色体畸变的可能原因和各种染色体结构畸变的特点。

2.训练光学显微镜下识别染色体结构畸变和数目畸变的能力。

【基本原理】

染色体畸变(chromosome aberration)是指体细胞或生殖细胞内染色体发生异常的改变,包括数目异常和结构畸变两种类型。多数非整倍体产生的原因是在生殖细胞成熟过程或受精卵早期卵裂中发生了染色体不分离或染色体丢失所致。染色体结构畸变发生的基础是染色体在化学、物理或生物等致畸因素的影响下发生断裂,断裂片段未在原位重接(reunion),因而造成染色体结构畸变或染色体重排(chromosomal rearrangement),主要形式包括缺失、易位、重复和倒位等。

凡是能引起染色体断裂的物质称为断裂剂(clastogen),断裂剂对染色体的毒理效应因作用时间不同而导致的结果也有所不同。若断裂剂作用于 DNA 复制之前,会导致染色体断裂;若断裂剂作用于 DNA 复制之后,将导致染色单体断裂。电离辐射在细胞周期的任何时期都可诱发 DNA 双链断裂。紫外线只能诱发 DNA 单链断裂。大多数化学断裂剂都属于拟紫外线断裂剂,即只诱发 DNA 单链断裂。

【实验准备】

器材   显微镜、离心机、普通天平、恒温培养箱、注射器、解剖剪、解剖刀、载玻片、香柏油、二甲苯等。

试剂   40 mg/L 环磷酰胺、200 mg/L 秋水仙素、小牛血清、100 U/mL 肝素、RPMI 1640 培养基、甲醇、冰醋酸、0.075 mol/L KCl 低渗液、磷酸缓冲液(pH 6.8)、Giemsa 原液、生理盐水等。

材料   小鼠骨髓细胞和人类外周血染色体结构畸变和数目畸变玻片标本片。

【实验内容】

(一)常用致染色体畸变的方法

化学诱变剂诱导小鼠骨髓细胞染色体畸变选择体重 20 g 左右的健康小白鼠。单次腹腔注射环磷酰胺 40 μg。24 h 后取浓度为 200 mg/L 的秋水仙素,注射剂量 2 μg/g ~ 4 μg/g,腹腔注射。注射后 2~3 h 间取材。按常规法制备小鼠骨髓染色体标本(参阅实验十一)。

物理诱变剂致离体人类外周血淋巴细胞染色体畸变使用 Co⁶⁰(钴)γ 射线照射离体人类外周血淋巴细胞致使染色体畸变。

1.采血   抽取健康人全血 5 mL,加肝素(100 U/mL)抗凝,在无菌条件下分装于 25 mL 方形培养瓶中,每瓶 0.5 mL 全血。

2.照射   将培养瓶放置在 Co⁶⁰ 机下,照射范围选择为 10 cm×10 cm,距离为 80 cm 的射程,照射强度为每次 200~250 rad。

3.培养   无菌条件下,将 RPMl 1640 培养液 10 mL 加到照射后的培养瓶中,置 37 ℃ 恒温箱内培养 48~52 h,终止培养前 4 h 加入秋水仙素,终浓度为 0.2~0.4 g/mL,继续完成培养。

4.制片　按常规法制备人类染色体标本(参阅实验二十六)。

(二)染色体结构畸变的观察

1.染色体畸变　指在某一染色体的 2 条单体上同时发生的畸变。

将标本片正面朝上,放在低倍镜下进行初步观察,了解细胞分裂象大致分布情况,将染色较好的细胞群选放在视野中央,转换高倍镜,选择染色体分散较好的分裂象,转换油镜,针对以下几种主要染色体畸变类型仔细观察。

染色体断裂　1 条染色体的两条染色单体的同一座位上因染色体损伤而断裂,其断裂的长度大于染色单体的宽度时,称为断裂(图23-1)。断裂后的片段离开原位称为断片(图 23-1)。

微小体　若染色体断片小于染色单体的宽度称微小体(图23-1)。

双着丝粒染色体　具有 2 个着丝粒的染色体(图23-1)。

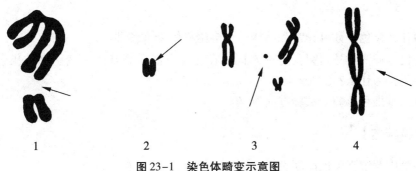

1	2	3	4

图 23-1　染色体畸变示意图

1.箭头示染色体断裂;2.箭头示断片;

3.箭头示微小体;4.箭头示双着丝粒染色体

2.染色单体畸变　指在某一染色体的 1 条单体上发生的畸变。

染色单体断裂　是位于 1 条染色单体上发生的清楚的横向断裂(图23-2)。

染色单体缺失　指某一染色单体的某一区带因断裂而发生的缺失(图23-2)。

3.环状染色体　当 1 条染色体的长、短臂各发生 1 次断裂后,含有着丝粒节段的长、短臂断端相接而形成环状染色体(图23-3)。

(三)染色体数目畸变标本片的观察

1.A 片和 B 片分别是两种染色体数目畸变患者的外周血淋巴细胞染色体玻片标本,取染色体数目畸变玻片 A 片或 B 片进行观察。

2.将 A 片或 B 片正面朝上放在低倍镜下进行初步观察,了解玻片上细胞分裂象大致分布情况。

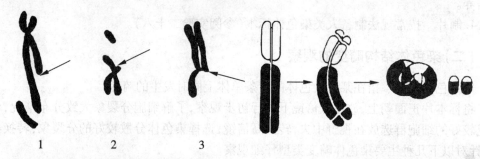

图 23-2　染色单体畸变示意图　　　　图 23-3　环状染色体的形成示意图

1、2.箭头示染色单体断裂　3.箭头示染色单体缺失

3.将染色较好的细胞群选放在视野中央,转换高倍镜观察,选择染色体均匀分散的分裂象转换油镜观察,计数 10~15 个细胞分裂象,最终确定被检个体染色体的数目。

【思考题】

1.为什么染色体数目异常和结构畸变会给机体带来各种危害?

2.染色体畸变与基因突变有何不同? 在光镜下能看到基因突变引起的染色体形态上的改变吗? 为什么?

3.体细胞染色体畸变试验有何意义?

【实验报告】

1.绘制中期细胞染色体断裂、染色单体断裂和双着丝粒染色体图。

2.记录染色体数目畸变标本片,观察并分析结果。

3.分析染色体畸变检测在环境评价中有何意义。

【注意事项】

1.注意区分双着丝粒染色体与两条染色体重叠。

2.观察时注意玻片的正反面,不要放置颠倒。

二、微核测定法检测哺乳动物骨髓细胞染色体畸变

【英文概述】

A micronucleus (MN) is formed during the metaphase/anaphase transition of mitosis. It may arise from a whole lagging chromosome or an acentric chromosome fragment detaching from a chromosome after breakage, which do not integrate in the daughter nuclei. The micronucleus assay is being applied to test for the radiation sensitivity of normal and tumour tissue in patients, the genetic effects of radiation exposure in human populations, the safety of new pharmaceuticals and chemicals and to define the optimal micronutrient dietary intake for prevention of DNA damage, etc. Scoring criteria of MN were as follows：①cells should have a round or oval appearance with an intact cytoplasm,②nuclei should similarly be round or oval with an intact nuclear membrane,③only cells having undergone one nuclear division should be scored for the presence of micronuclei,④micronuclei should be counted only if they are one third or less the size of the main nuclei,⑤micronuclei should be stained similar to the main nuclei and ⑥ micronuclei should be clearly separated from the main nuclei.

【实验目的】

1. 掌握微核测定试验的基本原理及标本的制备方法。
2. 掌握微核的形态特征及嗜多染红细胞的识别特点与分析标准。
3. 了解微核测定的意义及环境污染对生物遗传性质的改变,增强环境保护意识。

【基本原理】

微核(micronucleus,MN)是染色体畸变的一种表现形式,是由于染色体受到物理或化学因素的影响发生断裂,丧失了着丝粒的染色体断片、染色单体断片或由于纺锤体受损而整条染色体丢失,在细胞有丝分裂后期继续滞留在细胞质中,末期在子细胞核外单独形成1个或几个规则的次核,游离于间期细胞质中,次核比正常细胞核小很多,故被称为微核。微核的折光率及细胞化学反应性质和主核一样。各种类型的骨髓细胞都可以形成微核,但有核细胞的胞质较少,微核与正常核叶,以及核的突起之间难以鉴别,所以多用无主核的细胞来进行微核实验。

嗜多染红细胞(polychromatic erythrocyte,PCE)是分裂后期处于幼年红细胞向成熟红细胞发展中间阶段的一群红细胞。此时红细胞的主核已排出,但因胞质内含有核糖体,用Giemsa染色呈灰蓝色;微核则被染成紫红色或蓝紫色,很容易辨认。另外,骨髓中嗜多染红细胞数量充足,且微核自发率低。因此,骨髓中的嗜多染红细胞成为微核试验的首选细胞群。

微核测定是一种快速、简便地检测环境致癌、致畸物对生物潜在遗传性危害的技术。微核率和用药的剂量或辐射累积效应呈正相关,所以可用简易、快速、灵敏的微核计数来代替繁杂的畸变染色体计数。凡是能引起染色体发生断裂或能诱发染色体和纺锤体联结损伤的化学物,都可使用微核检测。微核检测已被用于同位素对机体影响的监护,血液病的早期诊断和预后,肿瘤诊断、治疗与放疗的监护,以及食品、药物、化妆品遗传毒性的评估等方面。

【实验准备】

器材　1 mL注射器、解剖剪、镊子、离心管、吸管、载玻片、立式染缸、显微镜、离心机等。

试剂　环磷酰胺、甲醇、灭活小牛血清、Giemsa染液、生理盐水、0.1 mol/L磷酸缓冲液（pH值6.8）等。

材料 小白鼠或大鼠。

【实验内容】

1. 实验预备 此项由实验老师提前完成。

动物选择 ①选择 7 ~ 12 周龄的健康小鼠体重 18 ~ 22 g。②选用大白鼠,体重为 150 ~ 200 g。

给药途径与剂量 ①腹腔注射 环磷酰胺常被作为致畸物检测的阳性对照选用此给药方式,可一次性给药,24 h 后取材。小鼠给药剂量 30 mg/kg(若需加强阳性效果,剂量可适当加大,如 145 mg/kg,但给药后应 6 h 左右取材)。大鼠给药剂量 40 mg/kg。②经口灌胃方式 通常采用 30 h 双给药法,第 2 次给药需间隔 24 h。第 2 次给药后 6 h 取材。

2. 取材 以颈椎脱臼法将小白鼠处死,分离股骨,剔净肌肉,擦去附着在股骨上的血污,剪去两端少许,以刚露出骨髓腔为准。用注射器吸取灭活过的生理盐水 2 mL,将针头插入骨髓腔内上下移动,把骨髓冲入 5 mL 离心管中。

3. 离心 配平后,以 1 000 r/min 的速度离心 5 min,用吸管吸出上清液并弃之。滴入 2 滴灭活过的小牛血清(灭活条件为 56 ℃恒温水浴保温 1 h),再用吸管前端将沉在管底的细胞团块吹打均匀,使细胞悬浮,注意避免气泡生成。

4. 涂片 将混匀的细胞悬液滴 1 滴于载玻片一侧,按常规涂片法涂片(参阅实验二),室温晾干。

5. 固定 把晾干的标本平放,有细胞的一面朝上,用吸管将甲醇滴在标本片上,覆盖整片,固定 10 min 左右,室温晾干。

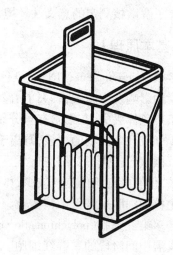

图 23-4 立式染缸染色示意图

6. 染色 将固定好的标本放入立式染缸中(图 23-4),用 pH 6.8 的磷酸缓冲液稀释的 1/20 的 Giemsa 染液(使用前配置)染色,8 ~ 10 min 后立即用磷酸缓冲液或蒸馏水冲洗,去除残余染液,室温晾干后上镜观察。

7. 观察计数 油镜下选择完整、分散均匀、着色适当的区域进行观察、计数。通常在整体上以有核细胞形态完好作为判断制片优劣的标准。

嗜多染红细胞的核蛋白体能被 Giemsa 染液染成灰蓝色,成熟的红细胞内的核蛋白体已溶解,因而被染成粉红色或淡橘红色,微核实验只计数前一种细胞中的微核。嗜多染红细胞中的微核位于胞浆中,其嗜染性与核质一致,都被染成紫红色或蓝紫色。典型的微核呈圆形或椭圆形,不与主核相连,独立存在,边缘光滑整齐,直径通常是主核的 1/20 ~ 1/5。嗜多染红细胞中的微核多数为 1 个,有时也会出现 2 个或更多,此时按 1 个微核计数。图 23-5 示嗜多染红细胞中的微核。

针对具体化学物质、物理因素或生物因子的致突变作用的检测,需要设立对照组,当

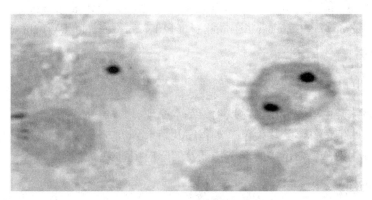

图 23-5　嗜多染红细胞中的微核

检测组微核出现率有明显的剂量反应关系并有统计学意义时,可以确认为阳性结果。一般每只动物观察 1 000 个嗜多染红细胞,并计算出有微核的嗜多染红细胞数,以千分率表示:

嗜多染红细胞微核出现率=(有微核的嗜多染红细胞数/观察的嗜多染红细胞数总数)×1 000

正常小白鼠骨髓嗜多染红细胞微核出现率为 0.5% 以下,超过者为异常。

【思考题】

1. 识别嗜多染红细胞的主要标准是什么?
2. 识别嗜多染细胞中微核的主要标准是什么?

【实验报告】

1. 报告微核测定的结果,并进行分析。
2. 细胞中为何会出现微核?分析微核检测在环境评价中有何意义?

三、姐妹染色单体分化染色和姐妹染色单体互换标本的制备与分析

【英文概述】

Sister chromatid exchange (SCE) is a sophisticated cytomolecular technique that is commonly applied in a search for clastogenicity or genotoxicity. A clastogen is any environmental agent that causes damage to genetic material and may include carcinogens. An SCE analysis will tell us whether the chromosomes and thus DNA of a particular interest group has undergone some genetic damage compared to a control group. Each chromosome comprises two sister chromatids which are genetically identical. In the SCE technique, one sister chromatid is stained dark and the other one pale. In a normal healthy person it is not unusual for the sister chromatids of one chromosome to break and swap pieces with each other. This is not considered to be harmful if the number of SCEs does not go beyond a certain threshold. Many environmental agents can increase the number of SCEs, for example, UV light, X-rays, nicotine and alcohol, etc.

【实验目的】

1. 了解姐妹染色单体分化染色技术的基本原理。
2. 熟悉姐妹染色单体分化染色基本程序及结果分析方法。
3. 了解分化染色后染色体的形态特征及实际应用意义。

【基本原理】

在细胞分裂时,每条染色体均由两条染色单体组成,每条染色单体由 1 条双链 DNA 组成。5-溴脱氧尿嘧啶核苷(5-bromodeoxyuridine, BrdU)在结构上与胸腺嘧啶核苷(thymidine, T)相似,因此,细胞在 DNA 合成时,BrdU 能够取代为胸腺嘧啶核苷掺入到新合成的 DNA 中。体外培养人类外周血淋巴细胞制作染色体标本时,若在培养基内加入 BrdU,则经过两个细胞周期后,每条中期染色体中两条单体的 DNA 双链在化学组成上就有了差别,1 条单体的 DNA 双链都含有 BrdU;另 1 条单体中只有 1 条 DNA 链含有 BrdU。这些染色体标本经一定方法处理,用 Giemsa 染液染色后,双链 DNA 都含有 BrdU 的染色单体由于 DNA 螺旋化程度低,对 Giemsa 染料的亲和力差,因而不易着色,染色较浅;另 1 条则 DNA 螺旋紧密,对染料的亲和力强,易着色,故染色较深。同一染色体的两条姐妹染色单体呈不同着色的现象就称作姐妹染色单体分化染色(sister chromatid difference, SCD)(图 23-6)。如果在这样的姐妹染色单体之间发生了片段交换,则在互换处可见一界线明显、颜色深浅对称的互换片段,这就叫姐妹染色单体互换(sister chromatid exchange, SCE)。

由于姐妹染色单体的 DNA 序列相同,SCE 并不改变遗传物质组成。但 SCE 是由于染色体发生断裂和重接而产生的,又易于计数。因此,SCE 是反映染色体损伤的敏感指标,不仅可用作检出环境中诱变剂的有效手段,而且为染色体分子结构、DNA 复制、DNA 损伤修复以及癌变的研究提供了简便快速、灵敏的实验方法。

【实验准备】

器材 水浴锅、紫外灯、细胞培养箱、注射器、离心机、显微镜等。

试剂 BrdU 溶液(0.5 g/L)、2×SSC 溶液、1 mol/L NaH$_2$PO$_4$溶液、RPMI 1640 培养基、肝素(200 U/mL)、Giemsa 染液等。

材料 人外周血。

【实验内容】

1. 采血 消毒后,用灭菌注射器抽取 0.2 mL 肝素(抗凝剂)将针管润湿,抽取肘部静脉血 1 mL,立即轻轻混匀。
2. 淋巴细胞培养 将 0.3 mL 抗凝血接种在含有 5 mL RPMI 1640 培养液的培养瓶

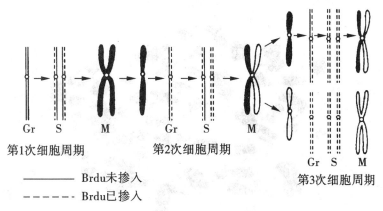

第1次细胞周期　　　　第2次细胞周期

—————　Brdu未掺入

- - - - - -　Brdu已掺入

第3次细胞周期

图23-6　姐妹染色单体分化染色原理示意图

内,混匀。再加入 0.1 mL BrdU 溶液,使培养基中 BrdU 的终浓度为 10 mg/L。培养瓶外包上黑纸以避光(因为 BrdU 光照后易分解),放入 37 ℃培养箱中培养 72 h。

3. 秋水仙素处理　终止培养前 4 h 加入秋水仙素,继续避光培养。秋水仙素的终浓度为 0.04 ~ 0.08 mg/L,目的是阻止纺锤丝的形成,使细胞分裂停止在中期。

4. 收获细胞并按常规制备染色体标本,不染色(参阅实验二十六)。

5. 姐妹染色单体差别染色　紫外线照射法和热碱法是姐妹染色单体差别染色两种常用的方法。

紫外线照射法

老化　染色体标本置 37 ℃温箱中老化 24 h。

紫外线照射　将标本正面朝上放在直径约 10 cm 的大培养皿中,玻片下横置两根细玻璃棒。加入 2×SSC 液,使液面与玻片上缘同高。将 1 张擦镜纸覆盖在标本片上,使擦镜纸边缘下垂浸入液体中。将该培养皿移至 75 ℃的水浴箱上,用 30 W 紫外线灯,灯管距标本片垂直距离 6 cm,照射 30 min。

染色　小心除去擦镜纸,用 3% ~5% Giemsa 染液将标本染色 7 ~10 min。用细流水冲去残余染液,室温晾干后上镜观察。

热碱法

老化　染色体标本老化 1 ~2 d。

碱处理　放入预热至 85 ~89 ℃的 1 mol/L NaH$_2$PO$_4$溶液中(使用前,用 NaOH 将 pH 值调至 8.0)处理 15 min。

染色　用温蒸馏水轻轻漂洗后再另取蒸馏水冲洗,室温晾干,用 3% ~5% Giemsa 染液染色 7 ~10 min。用细流水冲去残余染液,室温晾干后上镜观察。

6. 观察　低倍镜下选择染色体分散较好的、姐妹染色单体分色清晰的细胞中期分裂象,转换油镜仔细观察,分析视野中分裂象各属于以下何种类型:

第 1 分裂周期的细胞　染色体的两条单体均被深染;

第 2 分裂周期的细胞　染色体的两条单体被染成一深一浅,如图23-7 所示;

第 3 分裂周期的细胞　染色体的两条单体都被浅染。

图 23-7 人类细胞姐妹染色单体分化染色的中期分裂象
箭头所示为发生交换的染色单体

7. SCE 计数 每人选择 10 个经 BrdU 掺入后第 2 细胞周期的,且染色体为 46 条的中期分裂象进行计数。

SCE 计数标准:凡在染色单体端部出现交换的染色体,记作 1 次交换;凡在染色单体中部出现交换的,记作 2 次交换;凡在着丝粒区的交换,记作 1 次交换。应注意认真辨认,勿将染色体扭转现象当作交换。与非扭转染色体相比,通常扭转会在自然形态上发生改变。

【实验报告】

1. 简述 SCD 染色的原理。
2. 用 SCD 染色的原理解释 DNA 的半保留复制。

（贺 颖 程晓丽）

实验二十四　血管紧张素转换酶基因多态性分析与检测

【英文概述】

DNA polymorphism：One of two or more alternate forms（alleles）of a chromosomal locus that differ in nucleotide sequence or have variable numbers of repeated nucleotide units.

Methods that exploit genetic polymorphism will be essential for finding genes that predispose people to more common conditions in which inheritance patterns are complex，such as diabetes，atherosclerosis，and hypertension. DNA polymorphisms are also playing a crucial part in unraveling the genetic basis of tumor formation and progression in cancer. They provide markers for the loss of specific chromosomal segments during the evolution of a tumor. DNA polymorphisms have already been crucial in the identification of genes important for susceptibility to common forms of cancer，such as colon cancer，as well as susceptibility to less common childhood tumors，such as retinoblastoma and Wilms' tumor.

【实验目的】

1. 掌握人外周血基因组 DNA 提取的基本原理与方法。
2. 了解并熟悉 PCR 基本原理与实验方法。
3. 学习琼脂糖凝胶电泳检测 DNA 的方法和技术。
4. 掌握群体遗传学基因频率与基因型频率计算方法。

【研究背景】

随着人类基因组计划的完成和后基因组研究的不断深入，现代医学已经进入到"基因组医学"时代。分子诊断技术已在许多临床领域得到应用，并必将为人类医疗保健提供强大的动力。

肾素－血管紧张素系统是参与体内血压调节的重要系统，血管紧张素转换酶（angiotension-converting enzyme，ACE，DCP1［MIM106180］）是肾素－血管紧张素系统关键酶，也是人类心血管病理、生理研究中最为多见的基因之一，人 ACE 基因定位于染色体 17q23，全长 21 000 bp，包含 26 个外显子，在 16 号内含子存在 Alu 片段插入型（insertion，I）或缺失型（deletion，D）多态性。有证据支持 ACE 第 16 号内含子 Alu 片段 I/D 与 ACE 血浆活性关联，对高血压、糖尿病、冠心病、肥厚性心肌病等心血管病研究显示 D 等位基因可增加心血管疾病的易感性，但在不同的群体，甚至在同一群体中出现结果不一致的现象。对中国群体的 I/D 多态性研究可为进一步开展中国群体血管紧张素转换酶相关的心脑血管病基因组研究提供理论依据。

一、人血细胞基因组 DNA 的提取

【实验原理】

提取 DNA 的反应体系中,经常采用蛋白酶 K−酚−氯仿提取法。蛋白酶 K 为广谱蛋白酶,能在 SDS 和 EDTA 存在的情况下保持很高的活性,并将蛋白质降解成小的多肽和氨基酸。SDS 是离子型表面活性剂,主要作用是破坏细胞膜及核膜、解聚细胞中的核蛋白、与蛋白质结合使蛋白质变性而沉淀下来、抑制 DNA 酶活性等,并使 DNA 分子尽量完整地分离出来。蛋白酶 K、SDS 消化过的 DNA 再经酚、氯仿抽提,无水乙醇沉淀,可使其进一步纯化。用这一类方法获得的基因组 DNA 大小为 100 000 ~ 150 000 bp,适用于 PCR 扩增、Southern 分析和用 λ 噬菌体构建基因组 DNA 文库。

【实验准备】

器材　离心机、离心管、记号笔、恒温培养箱、加样器、枪头、冰箱、水浴锅、紫外分光光度计等。

试剂　2% EDTA 抗凝剂、2×蔗糖溶液、10% SDS、EDTA−Na$_2$溶液、蛋白酶 K、TE 饱和酚、氯仿、TE 缓冲液等。

材料　健康人外周血。

【实验内容】

1. 用注射器抽取待测个体外周血 4 ~ 5 mL,加入已含 100 μL 2% EDTA 抗凝剂的 1.5 mL 离心管中,颠倒混匀。

2. 在另一 1.5 mL 的离心管中加入 600 μL 2×蔗糖裂解液、600 μL 抗凝血样,颠倒混匀,可见溶液透明。

3. 12 000 r/min 离心 5 min,弃上清液。

4. 在离心管中加入 450 μL EDTA−Na$_2$,40 μL 10% SDS,10 μL 10 mg/mL 的蛋白酶 K,将细胞团块弹均匀或吹打均匀。放置于 37 ℃的水浴锅中过夜。

5. 加入 500 μL 饱和酚混匀,12 000 rpm 离心 5 min,将上清液转移到另一个离心管中。

6. 加入 250 μL 酚、250 μL 氯仿,混匀,12 000 rpm 离心 5 min,将上清液转移到另一个离心管中。

7. 加入 500 μL 氯仿,混匀,12 000 rpm 离心 5 min,将上清液转移到另一个离心管中。

8. 加入 1 mL 冷无水乙醇,40 μL 3 mol/L NaCl,颠倒混匀,可见有白色 DNA 沉淀析出。12 000 rpm 离心 5 min,弃上清液。

9. 用体积分数 75% 冷乙醇清洗 2 ~ 3 次。

10. 将离心管中残余乙醇吸去,晾干。溶于 30 ~ 50 μL 灭菌双蒸水中。(DNA 的鉴定及定量见附录 1)

【注意事项】

1. 外周静脉血一般用 EDTA 抗凝,亦可用医用 ACD 抗凝剂,因肝素能抑制限制性内切酶活性,故一般不主张用肝素抗凝。

2. 血样应新鲜,尽快提取,否则 DNA 会降解。

3. 酚抽提时如果上清液太黏,不能和蛋白层分开时,可加入适量的 TES 稀释,然后再用酚抽提。

4. 保温可在 45～55 ℃范围内进行。

5. 抽提 DNA 时动作不可过猛,以防机械震动将 DNA 分子打得太碎。

6. 抽提样本的 RNA 量很多时,可用 RNase 处理,再经酚、氯仿抽提乙醇沉淀。

7. DNA 溶于 TE 溶液时可先浓一点,发现太浓时再加些 TE 溶液,这样能保证 DNA 样品不至于太稀而无法使用。一般来讲,DNA 浓度为 0.4～0.6 g/L 最为理想。

8. 溶于 TE 溶液中的 DNA 样品比较稳定,可在 4 ℃冰箱中存放 1 年而不会降解。

【实验报告】

1. 检测所提取的 DNA 的含量和纯度。

2. 记录实验过程以及实验中需要注意的问题。

二、聚合酶链反应扩增 ACE 基因

【实验原理】

聚合酶链反应(polymerase chain reaction,PCR)是一种模拟天然 DNA 复制的体外扩增法。通过多次 DNA 循环复制,可使极少量的基因组 DNA 或 RNA 样品中的特定基因片段在较短的时间内扩增上百万倍。

PCR 反应首先根据目的基因 5′端和 3′端的核苷酸顺序设计 1 对与之互补的寡核苷酸引物,扩增 DNA 片段的长度及特异性即由此 2 个寡核苷酸引物的序列决定。PCR 过程即为反复进行高温变性—低温退火—中温延伸 3 个步骤的循环过程。每经过 1 次循环,模板 DNA 的拷贝数增加 1 倍。在以后进行的循环过程中,新合成的 DNA 链又起着模板作用,n 次循环后,拷贝数增加 2^n 倍。进行 25～30 个循环,拷贝数即可扩增上百万倍(10^6)(图 24-1)。扩增的 DNA 片段长度基本上都限定在两引物 5′端以内,在凝胶电泳上显示为 1 条特定长度的 DNA 区带。

【实验准备】

器材　台式离心机、离心管、记号笔、PCR 仪、加样器、枪头、冰箱、旋涡混匀器等。

试剂　PCR 缓冲液、dNTP、Taq DNA 聚合酶、引物等。

材料　模板 DNA 等。

【实验内容】

配制 PCR 反应体系 在 0.2 mL Eppendorf 管中依次加入：

1. 两端引物各 1 μL，使终浓度为 1 pmol/μL。

2. 2×PCR mixer 10 μL（内含合适的盐离子浓度，dNTPs 与 Taq DNA 聚合酶）。

3. 模板 DNA 2 μL。

4. 用灭菌去离子水补充至总体积 20 μL。

将上述反应体系用旋涡混匀器混合 20 s，台式离心机 10 000 r/min 离心 10 s。放入 PCR 仪进行扩增。

PCR 扩增 扩增条件为：95 ℃预变性 4 min；94 ℃ 30 s，55 ℃ 30 s，72 ℃ 30 s，30 个循环；72 ℃ 延伸 7 min；4 ℃ 保持（PCR 反应中常见的问题及解决办法见附录 2）。

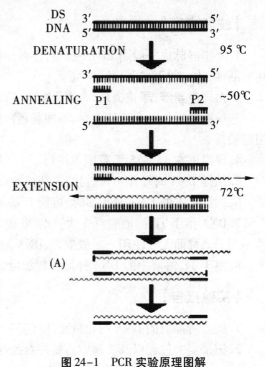

图 24-1 PCR 实验原理图解

（引自 www.nyu.edu/classes/ytchang/book/c002.html）

【注意事项】

1. 应采用高纯度的试剂及水，不能混有任何蛋白酶、核酸酶、Taq DNA 聚合酶抑制剂以及能结合 DNA 的蛋白。如遇不能得到特异扩增产物的 DNA，可在沸水浴中煮 5 min，并立即通过 Sephadex G50 离心柱纯化之。经这样处理的 DNA，一般能得到满意的 PCR 效果，基因组 DNA 模板量一般在 0.1 ~ 1 μg，过多反而扩增效果不佳。

2. 反应试剂应分装成小量保存，以减少使用次数，防止污染和避免有些试剂反复冻融而影响 PCR 效果。

3. 退火温度主要取决于引物的长度及序列，通常较 Tm 值稍低，如有非特异扩增产物，可适当升高退火温度。

4. 设计合成的引物序列中有错配碱基或小缺失、小插入或限制酶识别序列时，在前 3 个至 5 个循环时，宜使用较低的退火温度，然后逐渐升高退火温度。这是在此类情况下取得最佳 PCR 效果的关键。

5. 延伸时间主要取决于所扩增 DNA 片段的长度。当片段长度<400 bp 时，延伸 30 s 即可；400 ~ 1 000 bp，延伸 60 s；更长时，可相应延长时间。

6. Taq DNA 聚合酶加量过多不但浪费，还可使非特异产物增加。

7. 所用 Eppendorf 管及加样枪头都应绝对洁净，尤其不应污染有过去的 PCR 产物。

三、PCR 产物的电泳分析

【实验原理】

凝胶电泳是分离、鉴定、纯化及制备 DNA 片段最常用的方法,可分为两类:琼脂糖凝胶电泳和聚丙烯酰胺凝胶电泳。琼脂糖凝胶电泳是一种简便、易行的分离、纯化和鉴定 DNA 片段的方法,分为水平板和垂直板两种,一般采用水平电泳。

DNA 分子在琼脂糖凝胶中泳动时有电荷效应和分子筛效应。DNA 分子在高于等电点的 pH 溶液中带负电荷,在电场中向正极移动,相同数量的双链 DNA 几乎具有等量的净电荷,因此它们能以同样的速度向正极方向移动。对一般线性 DNA 分子而言,其电泳迁移率与分子量的对数(分子量以碱基对,即 bp 数表示)成反比,即分子小者泳动快,分子大者泳动慢。每次电泳均以已知分子量的 DNA 片段作为标准,电泳后用溴化乙啶(ethidium Bromide,EB)染色,在紫外(ultraviolet,UV)灯下观察、测量并记录各标准片段与电泳原点之间的距离,即可推断未知扩增 DNA 的片段大小。

【实验准备】

器材　恒温培养箱、琼脂糖凝胶电泳系统、台式离心机、高压灭菌锅、紫外线透射仪、离心管、记号笔、加样器、枪头、医用橡皮膏等。

试剂　0.5×TAE 或 TBE、上样缓冲液、琼脂糖、溴化乙啶(EB)、DNA Marker 等。

材料　PCR 扩增产物等。

【实验内容】

制备琼脂糖凝胶

按照被分离 DNA 大小的不同,制备不同浓度的琼脂糖凝胶。可参照下表(表 24-1):

表 24-1　凝胶浓度与线性 DNA 有效分离范围的关系

琼脂糖凝胶浓度/%	线性 DNA 的有效分离范围/bp
0.3	5 ~ 60
0.6	1 ~ 20
0.7	0.8 ~ 10
0.9	0.5 ~ 7
1.2	0.4 ~ 6
1.5	0.2 ~ 4
2.0	0.1 ~ 3

称取 1.5 g 琼脂糖,放入锥形瓶中,加入 100 mL 0.5×TBE 缓冲液,置微波炉或水浴加

热至完全溶化,取出摇匀,则为1.5%琼脂糖凝胶液。

胶板的制备 按以下几个步骤小心操作:

1. 取有机玻璃内槽,洗净,晾干,用医用橡皮膏将有机玻璃内槽的两端边缘封好(注意一定要封严,不能留缝隙)。

2. 将有机玻璃内槽放置于一水平位置,并放好样品梳子。

3. 待琼脂糖凝胶液冷到60 ℃左右时(手感觉热,但不烫),加入5 μL溴化乙啶(10 g/L)缓缓倒入有机玻璃内槽,直至有机玻璃板上形成一层均匀的胶面(注意不要形成气泡)。

4. 待胶凝固后,取出梳子,取下橡皮膏,放在电泳槽内,样品孔在阴极一端。

5. 加入0.5×TBE电泳缓冲液至电泳槽中,使电泳缓冲液没过胶面1~2 mm。

上样 扩增产物中加入1/5体积加样缓冲液混匀,用加样枪小心加样品于加样孔中(记录点样顺序及点样量)。留一个孔加标准的DNA片段。接通电源,调至适当电压(1~2 V/cm),开始电泳。

结果判读 取出凝胶,置于紫外透射箱中观察。溴化乙啶与DNA分子结合,在紫外光的照射激发下发出橘红色的荧光,使我们能够清楚地观察到DNA条带。

ACE基因第16号内含子上存在有287个碱基的缺失或插入(I/D)序列,PCR扩增产物长度为490 bp时称之为插入型(Ⅰ型),若扩增产物为203 bp,则称为缺失型(D型)。因此,在群体中可有3种基因型即缺失纯合子型(DD型)、插入纯合子型(Ⅱ型)和缺失/插入杂合子型(图24-2)。

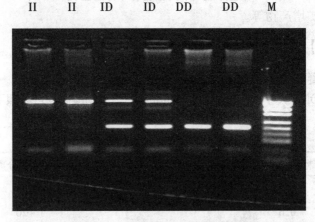

图24-2　ACE基因I/D多态性基因型

Ⅱ纯合插入基因型;DD:纯合缺失基因型;ID:插入/缺失杂合基因型;

M:DNA标记物(PBR322／Hae Ⅲ)

【注意事项】

1. 电压最好保持在1~2 V/cm,在25 ℃以下的室温中电泳;因为在低电压时,线性DNA分子迁移率与电压才成正比,分离效果最佳。

2. 温度过高会加速 DNA 分子扩散,使条带变宽、模糊。室温超过 25 ℃时,应安装空调降低室温或安装循环水装置冷却槽中的电泳缓冲液,条件允许时可在 4～10 ℃的冷室或冷柜中电泳。由于水平板电泳在缓冲液覆盖下进行,并且采用低电压,因此,产热效应极小,可不予考虑。

3. 每个样品孔载样量应该予以注意,对于人染色体完全降解得到的 DNA 片段,每平方厘米截面载量不要超过 50μg。上样量太多会造成条带拖尾的现象。

4. pH 值 7.9 时,溴化乙啶分子带正电荷,向负极移动,它与 DNA 分子结合后,影响 DNA 的正常电泳。对不同大小的 DNA 分子,这种影响的程度不尽相同,平均可以使 DNA 电泳迁移率降低 15%。如果需要精确确定 DNA 的分子量,电泳过程中应不加溴化乙啶,结束后再置于 0.5 g/mL 溴化乙啶水溶液中染色 5～10 min(注意:溴化乙啶是一种强诱变剂,可以致癌。处理凝胶和含有该染料的溶液时最好戴上乳胶手套操作,防止皮肤接触溴化乙啶)。

四、ACE 基因多态性的统计分析

ACE 基因的等位基因为 D 和 I。3 种基因型分别为 II、ID 和 DD,f_{DD}、f_{ID}和 f_{II}分别为 3 种相应基因型的频率。

群体中等位基因 D 的频率为:$p = f_{DD} + f_{ID}/2$;

群体中等位基因 I 的频率为:$q = f_{II} + f_{ID}/2$。

【实验报告】

1. 获得郑州大学医学院本年级和本班学生人群中 ACE 基因 I/D 多态性分布数据。

2. 通过调查某高校 980 名学生 ACE 基因 I/D 的多态性分布,得知 II 基因型为 420 人,DD 基因型为 120 人,ID 基因型为 440 人,计算等位基因 I 与 D 的基因频率。

(陈　辉)

实验二十五　细胞传代培养及增殖动力学检测

细胞在培养瓶中长成致密单层后,由于密度过大,生存空间不足而引起营养枯竭。为使细胞能持续生长繁殖,同时也将细胞的数量扩大,就必须进行传代(再培养)。传代培养既是一种将细胞种保存下去的方法,同时也是利用培养细胞进行各种实验的必经过程。培养中的细胞生长、繁殖和死亡是一个动态过程,这一过程的时间和数量表达可以充分反映出培养细胞群体动力学过程。生长曲线的绘制、有丝分裂指数的测定以及克隆(集落)形成实验等是细胞增殖动力学的主要指标。

本实验以 HeLa 细胞系为材料进行细胞传代培养,并进行细胞增殖动力学的检测。

一、细胞的传代培养

【英文概述】

The use of cultured cells grown in vitro has many advantages over the use of an intact animal or an isolated preparation as an experimental approach. Cell culture experiments can be broadly divided into two general categories: those that utilize primary cultures and those that utilize established secondary cell lines. Clonal cell lines (secondary cell lines that are descended from a single original cell) provide a more homogeneous source of cell material than do primary cultures, and clonal cell lines can be grown in essentially unlimited quantities without the need to sacrifice numerous animals. This is a tremendous advantage when performing biochemical analyses.

【实验目的】

1. 熟悉动物细胞传代培养的基本原理与操作过程。
2. 观察体外培养细胞在不同时期的形态变化及生长状况。

【实验原理】

当培养的细胞增殖达到一定密度后,细胞的生长和分裂速度将逐渐减慢,甚至停止,如果不及时进行分离再培养,由于细胞密度过大,生存空间不足会导致营养枯竭,细胞将逐渐衰老死亡。为了使体外培养的原代细胞或细胞株持续生长、繁殖,细胞必须进行传代,并由此获得稳定的细胞株或得到大量的同种细胞。将培养的细胞分散,从容器中取出,以 1:2 或 1:3 以上的比例转移到另外的容器中继续进行培养,即为传代培养。细胞传一代一般要经过以下 5 个阶段:①游离期,细胞经过消化分散后,由于原生质收缩,表面张力以及细胞膜的弹性,此时细胞呈圆形,折射率高。②吸附期,悬浮的细胞静置培养一段时间后便附着于瓶壁上,7~8 h。此时的细胞立体感强、细胞质内颗粒少、透明度好。③繁殖期,培养 12~24 h 后,细胞进入加速生长和分裂期,细胞分裂象多。此期细胞透明,颗粒少,细胞间界限清楚。此期是一代细胞中活力最好的时期,是进行各种实验的主要阶段。可根据细胞占瓶壁的有效面积的百分率分为 4 级:╂:细胞占瓶壁有效面积的25% 以内,有新生细胞;╄:细胞占瓶壁有效面积的 25%~75%;╆:细胞占瓶壁有效面积的 75%~95%;╈:细胞占瓶壁有效面积的 95% 以上,细胞已铺满,单层,致密,透明度好。④维持期,细胞形成单层后生长与分裂减缓,并逐渐停止生长,这种现象被称为细胞的生长接触抑制。此期细胞质内颗粒逐渐增多,透明度下降,立体感差,细胞界限模糊。培养液逐渐变酸。⑤衰退期,此期细胞质中颗粒进一步增多,细胞透明度更低,立体感更差,细胞出现空隙,最后皱缩,从瓶壁上脱落下来。

　　体外培养的不同的细胞株或细胞系,其传代的方法基本相同。大多数细胞在体外培养时能贴附在支持物表面生长,称贴附型生长细胞,贴附型生长细胞用酶消化法传代。少数种类的细胞在培养时不贴附在支持物上,而呈悬浮状态生长,称悬浮型生长细胞,悬浮型生长细胞用直接传代法或离心法传代。

　　传代培养必须在严格的无菌条件下进行,每一步都需要认真、仔细地进行无菌操作。

【实验准备】

　　器材　试管、橡皮头,上述器材需要彻底清洗,烤干,包装好,灭菌后备用。倒置显微镜,37 ℃培养箱、酒精灯、试管架以及无菌的工作服、口罩帽子等。

　　试剂　无钙、镁的重蒸水,2.5 g/L 胰蛋白酶溶液,0.02% EDTA 溶液,胎牛血清,7.5% $NaHCO_3$,10 000 U/mL 青、链霉素双抗溶液,1640 培养液,磷酸缓冲液(PBS),Hank's 液。

　　材料　传代细胞——HeLa 细胞或原代培养细胞。

【实验内容】

　　1.将长成单层的细胞从 CO_2 培养箱中取出,在倒置显微镜下观察细胞形态,确定细胞是否需要传代及细胞需要稀释的倍数。在超净工作台中倒去培养瓶中旧的培养液,然后加入适量的 Hank's 液,轻轻摇动片刻,将溶液倒出,以除去残留的血清和衰老脱落的细胞。

　　2.向培养瓶中加入适量的消化液(0.25% 胰蛋白酶溶液+0.02% EDTA 溶液),以盖满细胞面为宜,置于室温或温箱中 2~3 min。同时在倒置显微镜下观察,到细胞回缩近球形,细胞间隙增大时,立即翻转培养瓶,使细胞脱离胰酶,将胰酶倒掉,注意勿使细胞提早脱落入消化液中。

　　3.加入少量含血清的新鲜培养基,反复吹打消化好的细胞使其脱壁,形成分散的细胞悬液为止。

　　4.取一滴细胞悬液进行计数,依据细胞浓度将其分装到两瓶或多瓶中,补足培养液,盖上瓶盖,适度拧紧后再稍回转,以利于CO_2气体的进入。做好标记,注明细胞代号、操作日期。

5. 将分装好的培养瓶置于CO_2培养箱中,传代细胞须逐日观察,注意细胞有无污染,培养液颜色的变化以及细胞生长情况。一般情况下,传代后的细胞在2 h左右就能附着在培养瓶的壁上,2~4 d就可以在瓶内形成单层,并需要再次传代。

6. 对悬浮培养的细胞,可将细胞悬液进行离心去除旧培养基上清液,加入新鲜培养基,然后分装到各瓶中(图25-1)。

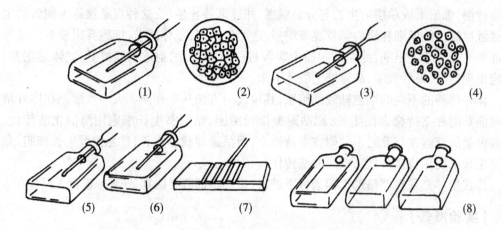

图25-1　传代培养的基本过程
(1)吸取培养液;(2)消化前细胞;(3)加消化液;(4)消化后细胞;
(5)冲洗;(6)加培养液吹打;(7)计数;(8)分装

【注意事项】

1. 传代培养要注意无菌操作,防止细胞之间交叉污染。

2. 每天观察细胞形态,掌握好细胞是否健康的标准:健康细胞的形态饱满,折光性好,待其生长致密时即可传代。

3. 如发现污染细胞,应弃置污染的细胞,如必须挽救,可加含有抗生素的PBS反复清洗,随后培养基中加入较大量的抗生素,并经常更换培养基等措施。

4. 如果在胰酶消化过程中见大片细胞脱落,表明消化过头,则不能直接倒掉消化液,以免丢失细胞,需要加入等量的培养液吹打、收集细胞,800 r/min离心5 min后弃上清液后再进行下一步操作。

【实验报告】

1. 记录传代细胞生长状况,分析对实验结果产生影响的因素。

2. 绘制出镜下所见HeLa细胞的形态。

【思考题】

细胞传代培养与原代培养有什么区别？培养的细胞有什么用途？

二、生长曲线的测定

【英文概述】

Generation of a growth curve can be useful in evaluating the growth characteristics of a cell line. From a growth curve, the lag time, population doubling time, and saturation density can be determined. ①Trypsinize the cells and centrifuge the cells. ②Resuspend the pellet in 5 mL of medium and count the cells. ③Dilute the cell suspension in order to have an appropriate amount of medium and cells to achieve a seeding density of 2×10^3 cells per cm^2 of surface area. ④Mix well and seed the dishes/flasks with the appropriate amount of diluted cell suspension. ⑤Count some of the leftover cell suspension in order to determine the actual seeding density. ⑥Put the Plates in an incubator. ⑦Count the duplicate plates every 24 hours. ⑧Plot the results on a log-linear scale.

【实验目的】

1. 掌握培养细胞生长曲线的绘制。
2. 掌握 MTT 法的基本原理。

【实验原理】

生长曲线(cell growth curve)是测定细胞绝对生长数的常用方法,也是判断细胞活力的重要指标。一般细胞传代后,经过短暂的悬浮然后贴壁,随后经过潜伏期,进入大量分裂的对数生长期。细胞达到饱和密度后,停止生长,进入平台期,然后退化衰亡。为准确描述整个过程中细胞数目的动态变化,需连续对细胞进行计数。通常计数 7 d,每次计数 3 瓶细胞并取平均值。典型的生长曲线可分为生长缓慢的潜伏期,斜率较大的对数生长期,平台期以及退化衰亡期 4 个部分。以存活细胞数(万/mL)对培养时间(h 或 d)作图,即得生长曲线。

除使用计数法测定细胞的生长曲线外,还可用 MTT[3-(4,5-二甲基噻唑-2)-2,5-二苯基四氮唑溴盐]比色法间接测量。MTT 比色法的主要原理是基于代谢活跃的细胞可以将黄色的四唑盐 MTT 还原为蓝色甲瓒类化合物,形成的颜色为水溶性,该颜色深度可由酶标仪或分光光度计在给定波长下的吸收值确定,而其颜色深度又与代谢活跃细胞数目呈线性关系。活跃细胞数目越多,则线粒体酶活性越高,形成的颜色越深,通过检测颜色深度,即可得出细胞的数目,进而制作细胞的生长曲线。

生长曲线常用于细胞建系和测定药物等外来因素对细胞生长的影响以及药物对肿瘤细胞的杀伤作用的研究等方面。

【实验准备】

器材　酶标仪、倒置显微镜、超净工作台、96 孔板、37 ℃培养箱、微量加样器、培养瓶、试管、吸管、酒精灯、移液管、废液缸等。

试剂　RPMI1640 培养基,小牛血清,Hank's 液,2.5 g/L 胰蛋白酶溶液,0.02%、0.5%台盼蓝染液、EDTA 溶液,体积分数 75%乙醇溶液,MTT(5 g/L 溶于 PBS),DTW 脱色液:1 份 Triton-X-100 溶于 3 份 DMF(N,N 二甲基甲酰胺)中,摇匀,加 2 份去离子水,加柠檬酸至终浓度 0.2 mol/L,调 pH 值至 5~6。

材料　传代细胞——HeLa 细胞。

【实验内容】

(一)细胞计数法

1. 从培养箱中取出一瓶生长良好的培养细胞,将瓶中培养液倒入干净试管,用吸管加入 2 mL PBS 冲洗残留的血清,倒掉 PBS。再重复洗涤一次。往瓶中加入 7~8 滴 2.5 g/L 胰蛋白酶,静置消化 2~3 min,同时在倒置显微镜下观察,见到贴壁细胞变圆,彼此分开,立即加入新培养液 5 mL,以终止消化作用。用吸管轻轻吹打瓶中细胞制成单细胞悬液后计数。

2. 根据细胞计数结果按每个小方瓶 5×10^4/mL 作传代培养接种细胞,共接种 21 瓶细胞。

3. 24 h 后开始计数细胞,以后每隔 24 h 计数一次,每次取 3 瓶细胞,分别进行计数。计算平均值,连续计数 7 d。

4. 根据细胞计数结果,以单位细胞数为纵坐标,以时间为横坐标绘制生长曲线。

(二)MTT 比色法

1. 制备 1 mL 细胞悬液,空白对照以 1 mL 培养基代替细胞悬液。加入 0.1 mL MTT 于 37 ℃孵育 4 h,使 MTT 还原为蓝紫色甲瓒结晶。

2. 加 1 mL DTW 脱色液,37 ℃静置 30 min,使甲瓒颗粒充分溶解。

3. 吸取 200 μL 该溶解液至 96 孔板中,在酶标仪上读取 OD 值,检测波长 570 nm。

4. 每隔 24 h 测量一个点,每个点为 3 个平行样品的平均值。

(三)结果分析

标准的生长曲线近似 S 形(图 25-2),一般在传代后第一天细胞数有所减少,再经过几天的潜伏期,然后进入对数生长期。达到平台期后生长稳定,最后进入衰老期。在生长曲线上细胞数量增加 1 倍所需要的时间称为细胞倍增时间(doubling time,DT)。细胞倍增时间区间即为对数生长期。细胞传代和各种实验多选择此区细胞进行。

【注意事项】

1. 接种细胞的数量要准确,否则后面的工作无法进行。所使用的培养瓶和每瓶接种的细胞数量要一致。

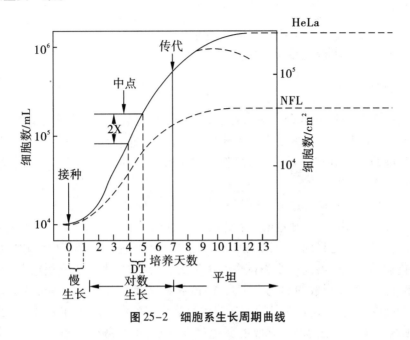

图25-2　细胞系生长周期曲线

2. 细胞计数最好由一人操作,以减少系统误差。

3. MTT 法本质上是反映细胞代谢和增殖活力,而非细胞数量。必须先用 MTT 法作出细胞数量和 OD 值相互关系的趋势线,只有在线性相关的范围内可用此法间接测量细胞数量。

【实验报告】

1. 根据实验结果绘制细胞生长曲线。

2. 用 MTT 法测定细胞数量应注意什么问题?

三、有丝分裂指数的测定

【英文概述】

Mitotic index is a measure for the proliferation status of a cell population. It is defined as that in a population of cells, the ratio of the number of cells undergoing mitosis (cell division) to the number of cells not undergoing mitosis. Cells in the cell cycle can be identified using antibodies against the nuclear antigen. The mitotic index can be worked out from a slide, even with light microscopy. It is the number of cells containing visible chromosomes dividied by the total number of cells in the field of view.

【实验目的】

1. 掌握培养细胞有丝分裂指数测定的基本方法。
2. 熟悉有丝分裂指数曲线的绘制。

【实验原理】

有丝分裂指数(mitotic index)是指处于分裂期的细胞数占细胞总数的百分率,用来表示细胞增殖旺盛的程度。一般要观察和计数 1 000 个细胞中的细胞分裂象数。细胞生长旺盛就有较高的有丝分裂指数,普通细胞分裂指数介于 0.2% ~ 0.5%,肿瘤细胞可达 3% ~ 5%。

由于细胞分裂是一动态过程,分裂时间很短,一般延续时间为 0.5 ~ 2 h。故可采用盖片培养法,定时取出盖片,固定染色后进行观察计数。也可利用 MTT 检测细胞的存活和增殖情况。MTT 法是目前广泛采用的方法,它的基本原理是活细胞内线粒体脱氢酶能将四氮唑化物(MTT)由黄色还原为蓝色的甲瓒类化合物,后者溶于有机溶剂(如二甲基亚砜、酸化异丙醇等),形成的颜色为水溶性,该颜色深度可由酶标仪或分光光度计在给定波长下的吸收值确定,而其颜色深度又与代谢活跃细胞数目呈线性关系。活跃细胞数目越多,则线粒体酶活性越高,形成的颜色越深,通过检测颜色深度,即可得出细胞的数目。

【实验准备】

器材　解剖剪、解剖镊、试管、吸管、培养瓶、橡皮头,上述器材需要彻底清洗,烤干,包装好,灭菌后备用。此外,还有酶标仪、倒置显微镜、微孔板、37 ℃培养箱、酒精灯、试管架以及无菌的工作服、口罩、帽子等。

试剂　无钙、镁的重蒸水,磷酸缓冲液(PBS),2.5 g/L 胰蛋白酶溶液,0.02% EDTA 溶液,0.94% E-EM 溶液,3% 谷胺酰胺,胎牛血清,7.5% $NaHCO_3$,0.5% 台盼蓝染液,MTT 5 g/L,RPMI 1640 培养液,Giemsa 染液,Hank's 液,甲醇,树胶等。

材料　传代细胞——HeLa 细胞系。

【实验内容】

(一)盖片法

1. 按测定细胞生长曲线的接种原则,将细胞悬液接种于内有无菌小盖片的培养瓶或 24 孔培养板孔内。

2. 每 24 h 取出 1 组小盖片,用 Hank's 液漂洗后,甲醇固定,Giemsa 染色,树胶封片。

3. 显微镜下计数 1 000 个细胞和其中分裂细胞数,按照下列公式计算有丝分裂指数:

$$分裂指数 = 分裂细胞数/细胞总数 \times 100\%$$

也可将测得的百分数逐日按顺序绘制成图,即为细胞分裂指数曲线图。

（二）MTT 法

1. 对所收集的细胞悬液离心,贴壁细胞需要用胰酶消化或刮取收集,调整细胞悬液浓度至 1×10^6/mL。

2. 以细胞培养液系列稀释细胞,浓度自 1×10^6/L ~ 1×10^3/L。

3. 将各浓度细胞悬液加入孔中,每孔 100 μL,每个浓度作 3 个平行对照,以不加细胞的培养液作空白对照。

4. 在合适的条件下培养细胞 6 ~ 48 h。

5. 加 10 μL MTT 试剂后,培养板重新置于培养箱中,温育 2 ~ 4 h。

6. 每隔一定的时间取板,在倒置显微镜下观察细胞内是否出现紫色点状沉淀。

7. 当紫色沉淀在显微镜下清晰可见时,包括空白对照孔在内的所有孔内加入洗涤试剂,每孔 100 μL。

8. 在酶标仪 570nm 下检测各孔的吸收值。空白对照孔的吸收值应接近于 0。

9. 若读数过低,需要将板继续避光温育。

10. 计算 3 个平行的平均值,减去空白对照孔的平均值后,即得到各浓度细胞的光吸收值。以每毫升细胞数为横坐标,以该浓度的吸收值为纵坐标作图,绘制出细胞增殖的生长曲线。

【注意事项】

1. 使用 MTT 法时,应注意细胞的接种浓度,使 MTT 结晶量与细胞呈良好的线性关系;培养基中的酚红会影响测定孔的光吸收值,降低实验准确性,应尽量除尽培养基。

2. 细胞分裂指数的观察要掌握好分裂象标准,避免人为误差。

3. 细胞在盖片上的密度常不均匀,分裂象也不相同。观察时对每一时间组的玻片各选多、中、少 3 个密度近似区域计数,以减少误差。

4. 细胞分裂指数曲线与细胞生长曲线的趋势基本类似,但不完全相同。例如:当细胞增长达到饱和密度并进入停止期后,细胞的数值很大,但分裂象可能完全消失。

【实验报告】

1. 观察标本片上 1 000 个细胞,计算有丝分裂指数。

2. 绘制细胞有丝分裂指数曲线。

【思考题】

如何区分分裂前期、分裂末期和间期细胞?

四、克隆(集落)形成实验

【英文概述】

The colony formation assay is the most commonly used titration method for defining the concentration of replication-incompetent murine leukemia virus-derived retroviral vectors. However, titer varies with target cell type and number, transduction time, and concentration of polycation (e. g., Polybrene). Moreover, because most of the viruses cannot encounter target cells due to Brownian motion, their short half-lives, and the requirement for target cell division for activity, the actual infectious retrovirus concentration in the collected supernatant is higher than the viral titer.

【实验目的】

1. 掌握克隆(集落)形成实验的基本原理。
2. 熟悉克隆(集落)形成实验的基本过程。

【实验原理】

单个细胞在体外持续培养 6 代以上,其后代所组成的细胞群,称为克隆或集落,所形成的细胞集落与接种的细胞数之比,即为克隆(集落)形成率(plating efficiency,PE),常以百分比表示。通过计算克隆形成率,可对单个细胞的增殖潜力作定量分析,了解细胞的增殖能力和对生存环境的适应性。在一定的条件下,同一种细胞的 PE 基本趋于恒定,这是这一细胞的基本生物学特征。

细胞克隆(集落)形成实验(colony formation assay)是测定细胞存活率和细胞增殖能力的有效方法之一。克隆形成率高者,其独立生存能力强。该实验常常用来确定抗癌药物对肿瘤的杀伤作用。

【实验准备】

器材 解剖剪、解剖镊、试管、吸管、培养瓶、橡皮头,上述器材需要彻底清洗,烤干,包装好,灭菌后备用。倒置显微镜,微孔板,CO$_2$ 培养箱,酒精灯,试管架以及无菌的工作服,口罩,帽子等。

试剂 无钙、镁的重蒸水,磷酸缓冲液(PBS),胎牛血清,10 000 U/L 青、链霉素双抗溶液,RPMI 1640 培养液,Hank's 液,甲醇,Giemsa 染液等。

材料 传代细胞——HeLa 细胞系。

【实验内容】

1. 细胞悬液的制备 用一般传代方法将对数生长期的单层培养细胞分散成单细胞悬液,计数。

2.接种细胞　将细胞悬液进行梯度倍数稀释,以适当的细胞密度接种于培养皿中。一般可按照每皿含 50、100、200 个细胞的梯度密度分别接种于含 10 mL 培养液的培养皿中,轻轻晃动,使细胞分散均匀。

3.细胞培养　将培养皿移入 CO_2 培养箱,在 37 ℃,体积分数 5% CO_2 及饱和湿度的环境下,静止培养 2~3 周。

4.染色　当培养皿中出现肉眼可见的克隆时,终止培养。弃去培养液,用 Hank's 液漂洗后,用纯甲醇固定 15 min,弃固定液后 Giemsa 染色 10~30 min,流水冲去染液,置于空气中自然干燥。

5.计数　在低倍镜或解剖镜下计算克隆数(一般大于 50 个细胞算 1 个克隆)。取 3~5 皿克隆数的平均值,并按下列公式计算:

$$克隆形成率 = 平均克隆数/种入的单个细胞数 \times 100\%$$

【注意事项】

1.制备细胞悬液时,细胞必须分散充分,单个细胞的百分率至少在 90% 以上,否则实验误差很大。

2.由于培养细胞时间较长,应注意培养液的 pH 值变化,适时更换培养液。

3.在培养早期细胞没有充分贴壁前,不要晃动培养皿。

【实验报告】

书写实验报告,计算培养细胞的集落形成率,用百分比表示。

(贺　颖)

第四部分

研究性实验

实验二十六　荧光原位杂交技术及应用

——FISH 技术在 21-三体综合征产前诊断中的应用

【英文概述】

Fluorescence in situ hybridization, FISH is a cytogenetic technique that is used to detect and localize the presence or absence of specific DNA sequences on chromosomes. FISH uses fluorescent probes that bind to only those parts of the chromosome with which they show a high degree of sequence complementarity. Fluorescence microscopy can be used to find out where the fluorescent probe is bound to the chromosomes. FISH is often used for finding specific features in DNA for use in genetic counseling, medicine, and species identification. FISH can also be used to detect and localize specific RNA targets (mRNA, lncRNA and miRNA) in cells, circulating tumor cells, and tissue samples. In this context, it can help define the spatial-temporal patterns of gene expression within cells and tissues. While the sensitivity is similar to that of routine cytogenetics, one advantage of this technique is that dividing cells are not required. The examination can be performed on interphase nuclei, and a large number of cells can be analyzed in a short period of time.

原位杂交的探针按标记分子类型分为放射性标记和非放射性标记。用同位素标记的放射性探针的优点在于对制备样品的要求不高,可以通过延长曝光时间加强信号强度,故较灵敏。缺点是探针不稳定、自显影时间长、放射线的散射使得空间分辨率不高及同位素操作较烦琐等。荧光原位杂交技术(florescence in situ hybridization,FISH)是一种利用非放射性的荧光信号对原位杂交样本进行检测的技术。FISH 通过荧光标记的 DNA 探针与待测样本的 DNA 进行原位杂交,在荧光显微镜下对荧光信号进行辨别和计数,从而对染色体或基因异常的细胞、组织样本进行检测和诊断,为各种基因相关疾病的分型、预前和预后提供准确的依据(图26-1)。与用放射性同位素探针标记的原位杂交相比,FISH 具有以下列优点:①荧光试剂和探针经济、安全;②探针稳定,一次标记后可在两年内使用;③实验周期短、能迅速得到结果、特异性好、定位准确;④FISH 可定位长度在 1kb 的 DNA 序列,其灵敏度与放射性探针相当;⑤多色 FISH 通过在同一个核中显示不同的颜色可同时检测多种序列;⑥既可以在玻片上显示中期染色体数量或结构的变化,也可以在悬液中显示间期染色体 DNA 的结构。此外,其缺点是不能达到 100% 杂交,特别是在应用较短的 cDNA 探针时效率明显下降。

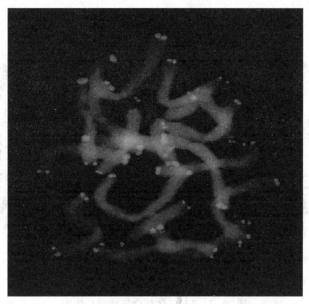

图 26-1　FISH 图片

(引自 www.chrombios.com/AboutFISH)

【实验设计】

21-三体综合征即唐氏综合征,又称先天愚型或 Down 综合征,是由染色体异常(多了 1 条 21 号染色体)而导致的疾病。60% 的患儿在胎内早期即流产,存活者有明显的智能落后、特殊面容、生长发育障碍和多发畸形。

该病的临床表现是:①患儿具有明显的特殊面容体征,如眼距宽,鼻根低平,眼裂小,眼外侧上斜,有内眦赘皮,外耳小,舌胖,常伸出口外,流涎多。身材矮小,头围小于正常,头前、后径短,枕部平呈扁头。颈短、皮肤宽松。骨龄常落后于年龄,出牙延迟且常错位。头发细软而较少。前囟闭合晚,顶枕中线可有第三囟门。四肢短,由于韧带松弛,关节可过度弯曲,手指粗短,小指中节骨发育不良使小指向内弯曲,指骨短,手掌三叉点向远端移位,常见通贯掌纹、草鞋足,拇趾球部约半数患儿呈弓形皮纹。②常呈现嗜睡和喂养困难,其智能低下表现随年龄增长而逐渐明显,智商 25～50,动作发育和性发育都延迟。

③男性唐氏婴儿长大至青春期,也不会有生育能力。而女性唐氏婴儿长大后有月经,并且有可能生育。④患儿常伴有先天性心脏病等其他畸形,因免疫功能低下,易患各种感染,白血病的发生率比一般人高 10~30 倍。如存活至成人期,则常在 30 岁以后即出现老年性痴呆症状。

现代医学证实,唐氏综合征是由 21 号染色体异常导致的,有三体、易位及嵌合 3 种类型,其中三体占全部病例的 95%。患儿体细胞染色体为 47 条,有 1 条额外的 21 号染色体,核型为 47,XX(或 XY),+21(图 26-2)。因此,以 21 号染色体的相应部位序列作探针,与外周血中的淋巴细胞或羊水细胞进行杂交,唐氏综合征患者细胞中可呈现 3 个 21 号染色体的荧光信号。

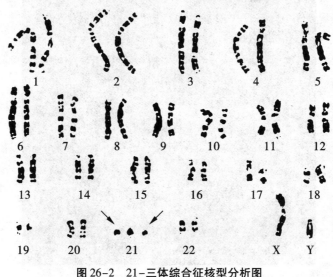

图 26-2 21-三体综合征核型分析图

(引自 www.downsyndromeaction.org)

【实验对象】

收集产前筛查中染色体异常的高危孕妇(孕 8~10 周或孕 16~20 周)羊水细胞 20 例。应用 21 号染色体特异性 DNA 探针对羊水细胞进行 FISH 检测。

【实验目的】

1. 了解课题设计的基本思路与可行性。
2. 熟悉 FISH 技术的基本原理与操作流程。

【实验原理】

荧光原位杂交技术是一种重要的非放射性原位杂交技术。它的基本原理是:如果被检测的染色体或 DNA 纤维切片上的靶 DNA 与所用的核酸探针是同源互补的,二者经变性—退火—复性,即可形成靶 DNA 与核酸探针的杂交体。将核酸探针的某一种核苷酸标记上报告分子,如生物素、地高辛,可利用该报告分子与荧光素标记的特异亲和素之间的免疫化学反应,经荧光检测体系在镜下对待测 DNA 进行定性、定量或相对定位分析。

【实验准备】

器材　低温高速离心机、荧光显微镜、旋涡混匀器、移液器、恒温水浴锅、培养箱、烤箱等。

试剂　0.25% trypsin(溶于无 $CaCl_2$ 的 Hank's 液)、0.75 mol/L KCl、固定液(甲醇：冰醋酸为 3∶1)、甲醇、乙醇、乙酸、变性液(70% 去离子甲酰胺、2×SSC、50 mmol/L 磷酸钠)、21 号和 13 号染色体 FISH 探针(生物素或地高辛标记)、3 mol/L 乙酸钠、甲酰胺、杂交缓冲液(4×SSC,20% 硫酸葡萄糖)、蛙鱼精 DNA、磷酸钠、Tween20、BSA、检测液(荧光素耦联的亲和素或罗丹明耦联的抗地高辛抗体)、DAPI、指甲油等。

材料　羊水细胞涂片。

【实验步骤】

羊水细胞涂片的制备

抽取羊水 5~6 mL,1 500 r/min 离心 10 min,去上清液,留羊水细胞沉淀;在细胞沉淀中加 3 mL 0.25% trypsin,37 ℃消化 30 min;2 000 r/min 离心 10 min,去上清液,在沉淀中加入 4~5 mL 0.75 mol/L KCl,37 ℃孵育 30 min,再加入 1 mL 固定液,轻轻混匀,2 000 r/min 离心 10 min,去上清液,加 5 mL 固定液,轻轻混匀,2000 r/min 离心 10 min,去上清液,加适量固定液,滴片。

样本预处理

1.羊水细胞涂片在室温下依次用体积分数 70%、90%、100% 乙醇脱水,各 5 min,晾干备用。

2.变性前将载玻片置 60 ℃烤箱内孵育,其作用是防止变性液加至载玻片时温度降低。

3.将变性液在水浴箱中加热至 70 ℃。

4.将预热的载玻片移至含变性液的广口瓶内 2 min。

5.立即将载玻片依次移入体积分数 70%、90% 和 100% 预冷的乙醇中,各 5 min,防止 DNA 复性。

6.空气干燥。

探针制备

1.将 20~60 ng 标记探针 DNA 和 3~5μg 蛙鱼精 DNA 混合。反应后体积小于 10 μL,可直接冻干。若体积较大,可加 1/20 体积的 3 mol/L 乙酸钠和 2 倍体积 100% 乙醇沉淀 DNA。混匀后放于 -70 ℃ 30 min,4 ℃,12 000 r/min 离心 10 min,弃上清液,沉淀物用 300 μL 70% 乙醇洗涤后再离心,弃上清液,冻干。

2.将 DNA 重悬于 5 μL 去离子甲酰胺中,室温旋涡混匀 3 min。

3.加入 5 μL 杂交缓冲液,旋涡混匀 5 min。

4.将 DNA 探针置于 75 ℃水浴中变性 5 min 后,迅速置于冰浴中 5 min,备用。

　　杂交

　　将 10 μL 含变性探针的杂交混合液加至载玻片变性的靶 DNA 上,在杂交液上盖上盖玻片,防止产生气泡。用橡胶泥将盖玻片四周封好,并置湿盒内 37 ℃温浴过夜。

　　检测

　　从湿盒内取出载玻片,除去橡胶泥,用镊子小心去除盖玻片,按以下步骤操作:

　　1. 将载玻片置于 42 ℃预温的漂洗液 A(50% 甲酰胺,2×SSC)中,于恒温水浴摇床中振荡 10 min。更换漂洗液 A 两次,每次振荡 5 min。

　　2. 将载玻片移入 60 ℃预温的漂洗液 B(1×SSC～0.1×SSC,pH 7.0),漂洗 5 min,更换漂洗液 B 两次,每次 5 min。

　　3. 将载玻片取出,甩尽液体,加 200 μL 封闭液(3% BSA,4×SSC,0.1% Tween20),盖上盖玻片,防止气泡产生,用橡胶泥将盖玻片四周封好,置于湿盒内,37 ℃温浴 30 min 以上。

　　4. 用镊子小心移去盖玻片,除去多余液体,加 200 μL 检测液(5 mg/L 荧光素耦联的亲和素或 6 mg/L 罗丹明耦联的抗地高辛抗体,缓冲液为 1% BSA,4×SSC,0.1% Tween20),37 ℃湿盒内温浴 30 min。

　　5. 用镊子小心移去盖玻片,将载玻片置于漂洗液 C(4×SSC,0.1% Tween20,pH 7.0)中,42 ℃振荡漂洗 3 次,各 5 min。

　　6. 将载玻片置于复染液(2×SSC,200 μg/L DAPI)中,室温振荡 20 min。

　　7. 载玻片在漂洗液 D(2×SSC,0.05% Tween 20)中室温温浴 1～2 min。

　　封片和镜检

　　1. 可采用不同类型的封片液,为防止盖玻片与载玻片之间的溶液挥发,可使用指甲油将盖玻片周围封闭。封好的玻片标本可以在 -20～-70 ℃的冰箱中的暗盒中保持数月之久。

　　2. 尽可能快地在荧光显微镜下观察或封闭盒内保存在 -20～-70 ℃冰箱。切片在染色之后 1h 内可以在显微镜下观察。

　　【注意事项】

　　1. 在探针的混合和变性中,杂交液甲酚胺浓度必须根据 DNA 探针的特点进行调整。提高甲酚胺浓度可以增加 DNA 探针杂交的特异信号。

　　2. 当变性不够充分时,杂交反应不能有效进行;变性过分,将引起染色体 DAPI 复染模糊不清,使染色体形态丧失。

　　3. 检测的过程中,必须保持载玻片的湿润,以免由于检测试剂的非特异性结合导致高背景荧光。

　　4. 从荧光素标记到制片结束,整个过程须避光完成,以免由于光照导致荧光淬灭。

　　【实验结果】

　　在荧光显微镜下观察结果:Down 综合征有 3 条 21 号染色体,所以,在荧光显微镜下有 3 个荧光信号,红色荧光标记 21 号染色体,绿色荧光标记 13 号染色体(用来做对照,以证明 FISH 实验过程无误）（图 26-3）。

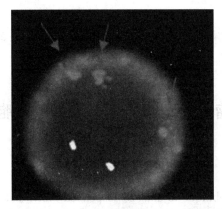

图 26-3　羊水细胞 21 号染色体 FISH 检测

（引自 labtestsonline. org）

【分析讨论】

1. 通过实验总结荧光原位杂交实验的技术关键。

2. 讨论用 FISH 检测 21 号染色体的意义。

【实验报告】

根据 FISH 技术原理，查阅相关文献，设计实验检测某一种遗传性疾病。

（贾利云）

实验二十七 流式细胞技术在生物医学研究的应用

——实体瘤组织细胞周期以及悬浮细胞凋亡检测

【英文概述】

Flow cytometry is a technique to analyze suspended individual cells (or particles). It is a laser-based, biophysical technology employed in cell counting, cell sorting, biomarker detection and protein engineering, by suspending cells in a stream of fluid and passing them by an electronic detection apparatus which is called flow cytometer. It allows simultaneous multiparametric analysis of the physical and chemical characteristics of up to thousands of particles per second. Generally speaking, most assays will require the use of at least several fluorescent dyes to label different cellular molecules or structures, such as membrane antigens, DNA, intracellular enzymes, ions, or organelles.

Flow cytometry is routinely used in the diagnosis of health disorders, especially blood cancers, but has many other applications in basic research, clinical practice and clinical trials. A common variation is to physically sort particles based on their properties, so as to purify populations of interest.

流式细胞术(flow cytometry, FCM)是一种在液流系统中快速测定单个细胞或细胞器的生物学性质,并把特定的细胞或细胞器从群体中加以分类收集的技术。其特点是通过快速测定库尔特电阻、荧光、光散射和光吸收来定量测定细胞 DNA 含量、细胞体积、蛋白质含量、酶活性、细胞膜受体和表面抗原等许多重要参数,根据参数将不同性质的细胞分开,以获得供生物学和医学研究用的纯细胞群体。目前最高分选速度已达到每秒钟三万个细胞。流式细胞仪是利用 FCM 监测的技术平台,它被广泛地运用于从基础研究到临床实践的各个方面,涵盖了细胞生物学、免疫学、血液学、肿瘤学、药理学、遗传学及临床检验等领域,在各学科中发挥着重要的作用。

现代流式细胞术综合了流体力学、激光、电子物理、光电测量、计算机、荧光化学及单克隆抗体等技术,是多学科、多领域技术进步的结晶。随着现代科技的高速发展,为了满足生命科学对细胞分析更高层次的要求,流式细胞技术仍在快速发展,并已经在检测技术、分选技术及高通量分析等方面取得了许多突破。

FCM 在医学生物学的各领域中已有广泛的应用。在肿瘤、血液病、免疫性疾病、艾滋病、器官移植等方面的常规临床检查和研究中,用于细胞周期分析、DNA 倍体分析、细胞内 Ca^{2+} 浓度测定、细胞内 pH 测量、细胞凋亡检测、药物筛选、淋巴细胞分群、网织红细胞计数、血小板功能测评、HAL 配型、AIDS 监测、白血病免疫分型、染色体自动分析和分选;

为 PCR 和 FISH 提供高纯度细胞,细胞因子检测等,已成为上述疾病的研究、诊断、疾病监控、治疗选择、疗效判断和预后估计等至关重要,甚至是唯一的方法。FCM 也可以把悬浮在液体中的非生物颗粒作为研究对象,这是 FCM 近年发展的重要方向之一。

【实验目的】

1. 了解流式细胞仪的原理、结构及在生物医学方面的应用。
2. 掌握利用流式细胞仪进行细胞周期和凋亡检测的基本过程。

【实验原理】

流式细胞仪工作原理　待测样本的细胞悬液,在鞘液的包围和约束下,细胞排成单列,高速由流动室喷嘴喷出,形成细胞液柱。细胞逐个通过检测区,在入射的激光束照射下,产生散射光信号和荧光信号。散射光信号分为前向散射光(forward scatter,FSC)和侧向散射光(side scatter,SSC),这类信号不依赖任何细胞样品的制备技术,因此被称为细胞的物理参数。前向散射光与被测细胞的大小有关,侧向散射光是指与激光束正交 90°方向的散射光信号,可提供有关细胞内精细结构和颗粒性质的信息。根据这些散射光特性可以初步将细胞分类。

如果样本细胞经一种或几种特殊荧光标记,经激光束的激发,可以产生荧光信号。通过对这类特异的荧光信号的检测和定量分析就能了解所研究细胞参数的存在并加以定量。

细胞分选的工作原理是通过检测区的单细胞液柱,在晶体的作用下使之产生机械振动,液柱断裂一连串均匀的液滴,一部分液滴中含有细胞,如果其特性与被选定要进行分选的细胞特性相符,由于其带有特定的电荷,在高压静电场的作用下,向下偏转落入指定的收集器内,完成细胞分类收集的目的(图27-1)。

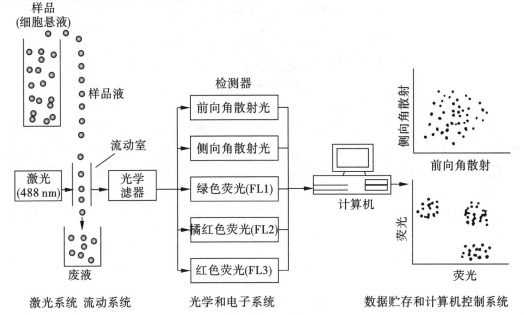

图 27-1　流式细胞仪工作原理图

引自 www.kicid.org

FCM 检测细胞周期和 DNA 倍体原理 在组织细胞中 DNA 的含量随细胞的增殖周期时相不同而发生变化。G_0 期和 G_1 期其细胞的 DNA 为较恒定的二倍体，S 期 DNA 的含量逐渐由二倍体增加到四倍体，G_2 期和 M 期细胞的 DNA 为恒定的四倍体。FCM 分析细胞的周期和 DNA 倍体时需要对 DNA 进行染色，由于 PI 染料能与细胞 DNA 分子特异性结合且有一定的比例关系，因此通过 FCM 分析一个细胞群体时可得到 G_0/ G_1、S、G_2/M 三个细胞峰，通过计算机分析软件可得出各细胞周期细胞的数量及其 DNA 的含量（图 27 –2）。

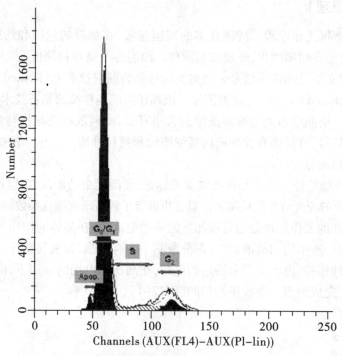

图 27-2 FCM 检测细胞周期和 DNA 倍体原理图

（引自 www.leadide.com）

FCM 检测细胞凋亡原理 细胞发生凋亡时，在细胞、亚细胞和分子水平上所发生特征性改变。这些改变包括细胞核、细胞器、细胞膜成分和细胞形态的改变等，其中细胞核改变最具特征性，主要包括几个方面：①各种染色体荧光染料对凋亡细胞 DNA 可染性发生改变。②光散射特性改变：细胞凋亡时，前散射光降低，侧散射光常增加；细胞坏死时，前散射光和侧散射光均增大，因此可根据前散射光和侧散射光区别凋亡细胞和坏死细胞。

【实验内容】

(一)流式细胞仪的结构

流式细胞仪的结构分五部分:流动室及液流驱动系统、激光光源及光束形成系统、光学系统、信号检测存储显示分析系统以及细胞分选系统。

流动室及液流驱动系统　该系统为仪器的核心部件,被测样品在此与激光相交。流动室由石英玻璃钢制成,并在石英玻璃中央开一个孔径为 430 μm×180 μm 的长方形孔,供细胞单个流过,检测区在该孔的中心,这种流动室的光学特性良好,流速较慢,因而细胞受照时间长,可收集的细胞信号光通量大,配上广角收集透镜,可获得很高的检测灵敏度和测量精度。流动室内充满了鞘液,鞘液的作用是将样品流环包。鞘液流是一种稳定的液体流动,鞘液以匀速运动流过流动室,在整个系统运行中流速是不变的,样品流在鞘液的环包下形成流体力学聚焦,使样品流不会脱离液流的轴线方向,并且保证每个细胞通过激光照射区的时间相等,从而得到准确的细胞荧光信息。

激光光源及光束形成系统　目前台式机 FCM 大多采用氩离子气体激光器。激光是一种相干光源,它能提供单波长、高强度及稳定性高的光照,是细胞微弱荧光快速分析的理想光源。由于细胞快速流动,每个细胞经过光照区的时间仅为 1 μs 左右,每个细胞所携带荧光物质被激发出的荧光信号强弱,与被照射的时间和激发光的强度有关,因此细胞需要足够的光照强度。激光光束在到达流动室前,先经过透镜将其聚焦,形成几何尺寸约为 22 μm×66 μm,即短轴稍大于细胞直径的光斑。这种椭圆形光斑激光能量分布属正态分布,为保证样品中细胞受到的光照强度一致,须将样本流与激光束正交,且相交于激光能量分布峰值处。

光学和电子系统　FCM 的光学系统是由若干组透镜、滤光片和小孔组成,主要光学元件是滤光片,将不同波长的荧光信号送到不同的电子探测器。激光束射至经流体力学聚焦的细胞和粒子后,有两个光散射参数需收集,前向角散射也被称为 0°散射,主要用于检测细胞体积的大小。另一参数为侧向散射亦被称为 90°散射。检测器位于激光入射的侧面,用于检测细胞膜、胞质、核膜等细胞内部结构及胞质内颗粒。荧光信号是由对细胞进行染色的特异性荧光染料受到激光激发后发射的。

信号检测存储显示分析系统　数据贮存和计算机控制系统数据贮存采用列表排队方式。利用计算机用多种图形来表明各参数间的相互关系,以单参数直方图、双参数二维点图及等高图等方式显示。数据分析一般分为设定正确的分析范围、划分计算区域和计算结果三个基本步骤。

细胞分选系统　细胞分选可使被指定的细胞从细胞群体中分离出来。流式细胞仪所测定的任何参数都可以作为细胞分选器的细胞依据,被选出来的细胞的均一性与所测参数有关(图 27-3)。

(二)流式细胞仪的应用

流式细胞仪主要应用于细胞结构以及细胞功能检测。细胞结构检测包括:细胞大

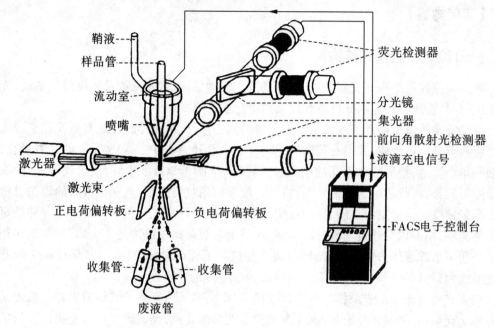

图 27-3 流式细胞仪结构

（引自 www.bio1000.com）

小、细胞颗粒度、细胞表面积、核浆比例、DNA 含量与细胞周期、RNA 含量、蛋白质含量等。细胞功能检测包括：细胞表面(胞浆、核)的特异性抗原、细胞活性、细胞内(外)的细胞因子、激素结合位点、细胞受体、蛋白磷酸化、pH 值、Ca^{2+}浓度、细胞膜电位、线粒体膜电位等。

目前,流式细胞仪已广泛应用于树突细胞研究、干细胞研究、癌症患者的多药耐药性、细胞动力学功能研究、环境微生物分析、流式细胞术与分子生物学研究等。

一、实体瘤组织细胞周期检测

【实验设计】

实体瘤组织细胞周期检测是 FCM 在临床医学中应用最早的一个领域。人体正常的体细胞具有比较稳定的 DNA 二倍体含量,当人体发生癌变或具有恶性潜能的癌前病变时,在其发生、发展过程中可伴随细胞 DNA 含量的异常改变:出现 DNA 多倍体和非整倍体细胞,同时 S 期细胞比例也变化。把实体瘤组织解聚、分散制备成单细胞悬液,用荧光染料(propidium iodide,PI)染色后对细胞的 DNA 含量进行分析,将不易区分的群体细胞分成三个亚群(G_1期、S 期和 G_2期),FCM 可精确定量 DNA 含量的改变,DNA 含量直接代表细胞的倍体状态,非倍体细胞与肿瘤恶性程度有关。DNA 非整倍体细胞峰作为诊断癌前病变发展至癌变中的一个有价值的标志,能对癌前病变的性质及发展趋势作出估价,有助于癌变的早期诊断。

本实验取 20 例恶性实体瘤组织作为实验组,20 例正常组织为对照组,利用 PI 荧光染料特异性地结合 DNA 分子,由于细胞 DNA 的含量和 PI 结合量成正比,利用流式细胞仪检测细胞的荧光强度,描绘出 G_0/G_1、S、G_2/M 3 个细胞峰及相应的 DNA 含量,通过对比实验组和对照组的细胞直方图,分析恶性肿瘤组织非整倍体 DNA 出现的情况和 S 期细胞的增殖状态,为肿瘤的早期诊断、预后估价及疗效提供有效的检测手段。

【实验准备】

器材　流式细胞仪、离心机、水浴箱、100 目尼龙网、300 目尼龙网、培养皿、眼科剪、吸管、带盖离心管。

试剂　生理盐水、70% 乙醇、PI 染液、PBS 液、RNase。

材料　新鲜实体瘤组织、新鲜正常组织。

【实验步骤】

1. 将待检组织剪成小块放入培养皿中,加入少量生理盐水,用剪刀将组织剪至糊状,加入 10 mL 生理盐水。

2. 用吸管吹打均匀糊状组织并吸取以 100 目尼龙网过滤到离心管中,2 000 r/min 离心 5 min。

3. 再用生理盐水洗 3 次,每次均以 2 000 r/min 离心 5 min,去除细胞碎片。

4. 用 300 目尼龙网过滤去除细胞团块,2 000 r/min 离心 5 min。

5. 加入少许 70% 冷乙醇固定,放 4 ℃ 冰箱备用。

6. 取 200 μL 单细胞悬液 3 000 r/min 离心 5 min,加 2 mL PBS 吹打均匀,2 000 r/min 离心 5 min。

7. 弃上清液,留约 50 μL 细胞悬液,加入 100 μL RNase 溶液,37 ℃ 水浴 30 min。

8. 加入 800 μL PBS、50 μL PI 染液避光染色 30 min,4 h 内上机检测。

9. 上机分析:打开主软件 CELLQuest,使用标准参照物,调整仪器的获取条件,上样获取样本的数据,保存获取的数据文件(每一个样本至少获取 20 000 个细胞数)。退出 CELLQuest,进入 ModFIT,打开数据文件,选择直方图分析参数,设定单个细胞门检查(doublet discrimination messurement,DDM),仪器按照分析人员的参数设定,做数学拟和,报告分析结果。

【实验结果】

细胞群的 DNA 含量在 FCM 分析中一般以 DNA 指数(DNA index,DI)表示其相对含量,一个正常的二倍体细胞 G_0/G_1 期细胞 DNA 含量为 2C,DI = 1.0±0.1(DI = 标本 G_0/G_1 期细胞峰平均荧光道数/正常的二倍体标准细胞 G_0/G_1 期细胞平均荧光道数)。非整倍体的判断标准是在 FCM 分析直方图上具有两个分离的 G_0/G_1 峰,DI ≠ 1.0±0.1。如果为四倍体,DI = 2.0±0.1;如果为多倍体,DI > 2.0。根据上述判断标准分析 FCM 检测的实验组和对照组细胞直方图,判断实体瘤细胞和正常细胞 DNA 倍体情况(图 27-4、图 27-5)。

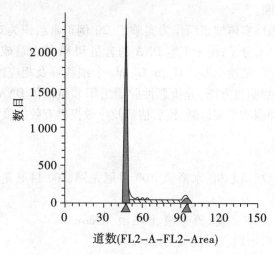

图 27-4　FCM 分析正常组织细胞的 DNA 倍体
（引自临床流式细胞分析）

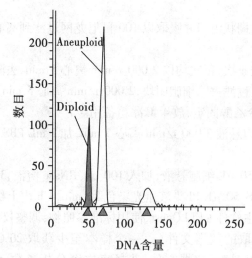

图 27-5　FCM 分析实体瘤组织细胞的 DNA 与细胞周期倍体与细胞周期
（引自临床流式细胞分析）

【分析讨论】

　　恶性肿瘤治疗的关键在于早期诊断,特别是癌前病变的诊断。由于某些肿瘤,特别是早期肿瘤缺乏客观、明确的形态改变,给传统的病理形态学方法诊断造成了很大困难,FCM 分析技术的出现给肿瘤的诊断带来了希望,特别是用 FCM 技术分析细胞的 DNA 含量和细胞周期,为恶性肿瘤的早期诊断提供了客观量化的指标,通过对上述实验结果的分析可以发现,实体瘤细胞直方图中均有非整倍体 G_0/G_1 细胞峰。而正常组织细胞均为

二倍体 G_0/G_1 细胞峰。但是在分析中也发现很多正常组织细胞的 DI>2.0,提示为多倍体,分析后发现是由于单细胞悬液中细胞易发生粘连,FCM 检测的是荧光信号的面积,所以把两个粘在一起的 G_0/G_1 期细胞判断成一个 G_2 细胞,要区分双粘体细胞和 G_2 细胞,在分析 DNA 倍体时要采用 DDM 检查,其原理是双联体细胞所得到的荧光宽度信号要比单个 G_2 期细胞大,因此设"门"后才能得到真正的 DNA 含量分布曲线和细胞周期(图 27-6)。

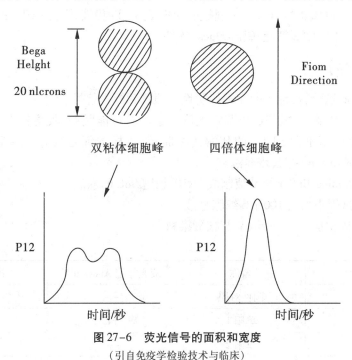

图 27-6　荧光信号的面积和宽度

(引自免疫学检验技术与临床)

二、细胞凋亡检测

【实验设计】

在正常细胞中,磷脂酰丝氨酸(phosphatidylserine,PS)只分布在细胞膜脂质双层的内侧,而在细胞凋亡早期,细胞膜中的 PS 由脂膜内侧翻向外侧。Annexin V 是一种相对分子质量为 35 000 ~ 36 000 的 Ca^{2+} 依赖性磷脂结合蛋白,与磷脂酰丝氨酸有高度亲和力,故可通过细胞外侧暴露的磷脂酰丝氨酸与凋亡早期细胞的胞膜结合。因此,Annexin V 被作为检测细胞早期凋亡的灵敏指标之一。将 Annexin V 进行荧光素(EGFP、FITC)标记,以标记了的 Annexin V 作为荧光探针,利用流式细胞仪可检测细胞凋亡的发生。

碘化丙啶(propidium iodide,PI)是一种核酸染料,它不能透过完整的细胞膜,但对凋亡中晚期的细胞和死细胞,PI 能够透过细胞膜而使细胞核染红。因此,将 Annexin V 与 PI 匹配使用,就可以将处于不同凋亡时期的细胞区分开来。

【实验准备】

器材 流式细胞仪、离心机、水浴箱、一次性 12 mm×75 mm Falcon 试管、微量加样器、加样头。

试剂 PBS 缓冲液(含 0.1% NaN_3,过滤后 2~8 ℃保存)、Annexin V Binding Buffer 缓冲液、Annexin V–FITC、SAv–FITC、生理盐水、70% 乙醇、PI 染液、不含 EDTA 的胰蛋白酶。

材料 培养的 HeLa 细胞、CELLQuest 软件。

【实验步骤】

1. 取 Falcon 试管,按标本顺序编好阴性对照管和标本管号。

2. 将细胞先用滴管轻轻吹打,凋亡细胞一经吹打可能脱壁,收集到 10 mL 的离心管中,没脱壁的细胞用不含 EDTA 的胰酶使之脱壁,每样本细胞数为$(1~5)×10^6$,500~1 000 r/min离心 5 min,弃去培养液。

3. 用 1× Binding Buffer 缓冲液制成 $1×10^6$细胞/mL 的悬液。

4. Falcon 试管中加入 100 μL 细胞悬液。

5. 按以下体积加入 Annexin V 与核酸染料:

管号	名称	荧光标记 Annexin V	核酸染料
1	阴性对照	– –	– –
2	单阳1	AV–FITC –	– –
3	单阳2	– –	PI
4	样本	AV–FITC–	– PI

6. 轻轻混匀,室温(20~25 ℃)避光处放置 15 min。

7. 各试验管中分别加入 1×Binding Buffer 缓冲液 400 μL。

8. 1 h 内上流式细胞仪测定结果。流式细胞仪激发光波长用 488 nm,用一波长为 515 nm的通带滤器检测 FITC 荧光,另一波长为 560nm 的滤器检测 PI。

【实验结果】

凋亡细胞对 PI 有抗染性,坏死细胞则不能。细胞膜有损伤的细胞的 DNA 可被 PI 着染产生红色荧光,而细胞膜保持完好的细胞则不会有红色荧光产生。因此,在细胞凋亡的早期 PI 不会着染而没有红色荧光信号。正常活细胞与此相似。在双变量流式细胞仪的散点图上,左下象限显示活细胞,为(FITC–/PI–);右上象限是非活细胞,即坏死细胞,为(FITC+/PI+);而右下象限为凋亡细胞,显现(FITC+/PI–)。以下 4 个样本分别是阴性对照、Annexin V 单阳管、PI 单阳管和试验管。横坐标是 Annexin–V FITC,纵坐标是 PI(图 27-7)。

为了更容易观察到细胞凋亡,常用凋亡诱导剂诱导细胞凋亡,用诱导剂诱导细胞凋亡后,可观察到诱导组在右象限的细胞分布显著多于未处理细胞组(图 27-8,用 Fas mAb

诱导细胞凋亡）。

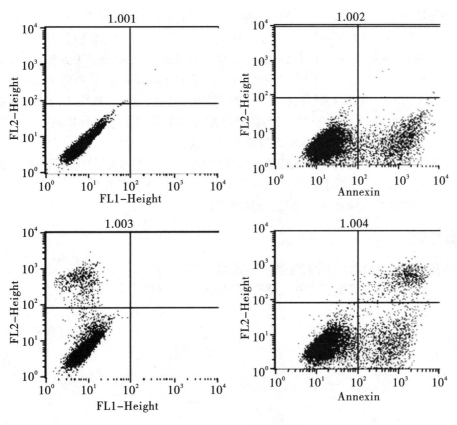

图 27-7 FCM 分析细胞凋亡图

（引自"流式检测细胞凋亡"）

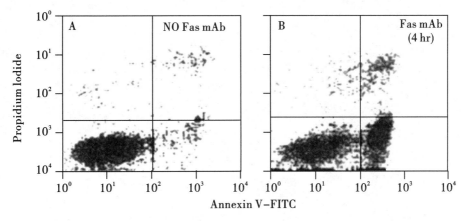

图 27-8 FCM 分析细胞凋亡图（Fas mAb 诱导）

（引自 wenku. baidu. com"流式细胞仪检测细胞凋亡"）

【注意事项】

1. 必须活细胞检测,不能用能破坏细胞膜完整性的固定剂和穿透剂固定或穿膜。

2. 特殊细胞的染色方法:在消化或吹打时,有些细胞(如神经元细胞)很容易受到损伤,导致晚期凋亡或坏死比例非常高,不能反映真实结果。实验的解决方法:先低速离心,吸取细胞培养板中的液体,留少许液体,加入适量 PI 和 Annexin-V 染色 10 min 后,将漂浮细胞吸至离心管中,离心洗涤两次,用 PBS 漂洗贴壁细胞两次,加胰酶消化后将细胞悬液移至另一离心管中,离心洗涤,再与漂浮细胞合并后上流式细胞仪检测。应用该法可降低晚期凋亡和坏死比例,增加早期凋亡细胞比例。

3. 由于 Annexin-V 为钙离子依赖的磷脂结合蛋白,只有在钙离子存在的情况下与 PS 的亲和力才大,因而在消化细胞时,建议一般不采用含 EDTA 的消化液。

4. 必须设置阴性对照和补偿对照(分别单染)。

【思考题】

1. 应用 FCM 自己设计一个在生物医学方面的实验。
2. 写一篇有关流式细胞技术在生物医学方面应用的综述。

(贾利云)

附 录

一、器械的清洗与灭菌

1. 洗涤液的制备　洗涤液分为强液及弱液,可视需要而选用。其制备方法如下:

弱液:重铬酸钾　　　　　　　　　　　　50 g

　　　蒸馏水　　　　　　　　　　　　　1 000 mL

加温溶化,然后缓缓注入:

　　　浓硫酸　　　　　　　　　　　　　90 mL

强液:重铬酸钾　　　　　　　　　　　　120 g

　　　蒸馏水　　　　　　　　　　　　　1 000 mL

加温溶化,冷后缓缓加入:

　　　浓硫酸　　　　　　　　　　　　　160 mL

2. 双蒸水的制备　由于一般普通的橡皮对细胞是有毒的,普通橡皮塞浸入人工培养液 199 中 1 周,然后用这种培养液培养细胞,常常可在 48 h 内杀死被培养的细胞。因此,作为配制培养基和冲洗培养器皿的蒸馏水,必须将医用蒸馏水用中性玻璃蒸馏器再重新蒸馏一次。

3. 玻璃器皿的清洗与灭菌　无论是使用或未使用过的玻璃器皿均可按如下步骤清洗:用清水洗净→用肥皂水刷洗或者煮沸后刷洗→用流水冲洗直至除净肥皂为止→浸入洗涤液中至少 4 h 以上→用流水冲洗,直至洗涤液全被冲去为止(一般冲洗 8 ~ 10 次)→用一蒸水冲洗 2 次→用双蒸水洗 1 次→倒立,晾干或烘干→用铝箔牛皮纸包扎或塞上棉花塞→干热灭菌(180 ℃,1 h)或高压灭菌(15 磅、120 ℃,30 min)。

4. 金属器械的清洗与灭菌　金属器材一般可用乙醇纱布擦洗干净后,采用热灭菌,在临时急用的情况下可采用煮沸消毒,一般用来夹持抽血空针和针头等金属镊子类,可浸入 1∶1 000 的新洁尔灭溶液中消毒,为防止生锈可在其中加 0.5% $NaNO_3$。

5. G_6 型玻璃除菌器的清洗与灭菌　新滤器首先用清水洗净,浸入硫酸内(加少许硝酸钠)24 h,取出后用清水洗净,通过蒸馏水 1 ~ 2 次,再通过 1 N NaOH,直至滤液呈中性为止(加入酚红作为指示剂),再过双蒸水 2 次,晾干或 37 ℃ 烘干后将滤器和滤瓶分别包装,置贮槽中,高压蒸汽灭菌后,烘干,即可应用。新购置的滤器首先须测定其效能——能否阻止灵杆菌的通过,如滤液培养为阳性,证明此滤器的效果良好,无缝漏,可以应用。滤器经使用后,必须立即清洗,如滤液系悬液(PHA 溶液等),须按以下步骤清洗:用清水洗净后,将滤器倒立并装满蒸馏水,用抽气或让其自然倒流将堵塞滤孔的颗粒洗去,如此法无效,可将滤器浸入 2% 胰蛋白酶溶液中,(pH 7.2 ~ 7.6),置 37 ℃ 24 h 后洗净,过蒸馏水 1~2 次,用洗涤液过 1~2 次,用清水洗净,过蒸馏水或去离子水 3~4 次,过双蒸水 1~2 次,37 ℃烘干,包装,灭菌等如前述。应特别注意的是,由于玻璃除菌器的滤板、乳胶、玻璃三者的膨胀系数不同,因此,切勿使用干热灭菌,以免损坏除菌器。

6. 各类橡皮用具的清洗与灭菌　各类新的橡皮塞、橡皮、橡皮管、橡皮头等,首先在 1 N NaOH 溶液中煮沸 15 min,清水冲洗,再用 4% 的盐酸煮沸 15 min 后,用清水冲洗 7~8 次,如此煮沸 2~3 次,再用蒸馏水煮沸 2 次,双蒸水煮沸 1 次。橡皮管在处理过程中,用附有橡皮乳头的大肚滴管洗管内侧往返抽吸 10 次。已用过的各类橡皮用具,经清水洗涤后,浸入肥皂水中,待累积到一定数量后,首先用肥皂水煮沸 30 min,用清水充分漂洗 2~3 次,用清水煮沸 7~8 次,用蒸馏水或去离子水煮沸两次,用双蒸水煮沸 1 次,晾干或烤干,分别包装,高压蒸汽灭菌,烤干,备用。

二、部分溶液和细胞培养基的配制

1. 0.075 M 氯化钾

氯化钾(KCl)	5.587 g

加双蒸水至 1 000 mL,室温保存,用于细胞低渗处理。

2. 0.0175 M 氢氧化钾

氢氧化钾(KOH)	0.7 g

加双蒸水至 1 000 mL,室温保存,用于 C 带处理。

3. 12 SSC 溶液

因为 SSC 溶液等于 0.15M NaCl+0.015 mol/L 柠檬酸钠。所以,12SSC 溶液为:

氯化钠(NaCl)	105.3 g
柠檬酸钠($Na_3C_6H_3O_7 \cdot 5H_2O$)	52.94 g

加双蒸水至 1 000 mL,室温保存,临用时用双蒸水稀释至各种浓度。

4. 0.25% 胰蛋白酶溶液

称取胰蛋白酶 2.5 g,加 0.85% 的生理盐水 1 000 mL,用玻璃除菌器除菌,保存于 4 ℃冰箱,用于消化细胞和染色体标本的 G 式显带。

5. 无钙镁离子溶液

氯化钠(NaCl)	8 g
氯化钾(KCl)	1.2 g
柠檬酸三钠($Na_3C_6H_5O_7 \cdot 2H_2O$)	1 g
磷酸二氢钠($NaH_2PO_4 \cdot H_2O$)	0.05 g
碳酸氢钠($NaHCO_3$)	1 g
葡萄糖	1 g

依次溶于三蒸水中,最后加三蒸水至 1 000 mL;除菌器除菌,保存于 4 ℃冰箱。

6. 0.02% 乙二胺四乙酸二钠溶液

乙二胺四乙酸二钠($C_{10}H_{14}N_2O_8Na_2 \cdot 2H_2O$)	0.1 g
氯化钠(NaCl)	4 g

氯化钾(KCl)	0.1 g
磷酸氢二钠($NaH_2PO_4 \cdot 12H_2O$)	0.576 g
磷酸二氢钾(KH_2PO_4)	0.1 g
葡萄糖	0.1 g

依次溶于三蒸水中,加入0.4%酚红液2.5 mL,最后加入三蒸水至500 mL,用盐水瓶分装,9磅10 min高压蒸汽灭菌,保存于4 ℃冰箱,使用时用3.5%碳酸氢钠溶液调pH值,用于分散细胞。

7. S、T、V消化液

溶液A:氯化钠($NaCl$)	8 g
氯化钾(KCl)	0.4 g
葡萄糖	1 g

依次溶于三蒸水中,最后加三蒸水至1 000 mL。

溶液B(0.02% EDTA溶液):称取乙二胺四乙酸二钠($C_{10}H_{14}O_8N_2 \cdot 2H_2O$)0.2 g溶解于溶液A中,最后加溶液A至1 000 mL。

溶液C(0.04%胰酶溶液):称取胰酶0.4 g,用溶液B溶解,最后加溶液B至1 000 mL,用玻璃除菌器除菌,分装、保存4 ℃冰箱,用于分散细胞。

8. Earle平衡液

氯化钠($NaCl$)	3.4 g
氯化钾(KCl)	0.2 g
氯化钙($CaCl_2$)	0.1 g
磷酸镁($MgSO_4 \cdot 7H_2O$)	0.1 g
磷酸二氢钠($NaH_2PO_4 \cdot H_2O$)	0.07 g
葡萄糖	0.5 g

除$CaCl_2$单独用50 mL三蒸水溶解外,其他可依次用三蒸水溶解,加入0.4%酚红液2.5 mL,最后两者混合加三蒸水至500 mL,用盐水瓶分装,9磅10 min高压蒸汽灭菌,置4 ℃冰箱保存。

9. Giemsa染色液

1 g Giemsa染料溶于66 mL甘油(60 ℃),然后冷却,再与66 mL甲醇混合,此为原液。

10. 各种pH值磷酸缓冲液的配法:

(1)1/15 M Na_2HPO_4:取9.41 g Na_2HPO_4溶于1 000 mL蒸馏水中。

(2)1/15 M KH_2PO_4:取9.08 g KH_2PO_4溶于1 000 mL蒸馏水中。

表1 不同 pH 值磷酸缓冲液的配制

pH 值	Na₂HPO₄ 1/15 mol/L (9.41 g/L·H₂O)	KH₂PO₄ 1/15 mol/L (9.08 g/L·H₂O)
8.0	95.0	5.0
7.8	92.0	8.0
7.6	88.0	12.0
7.4	82.0	18.0
7.2	72.0	28.0
7.0	62.0	38.0
6.8	50.0	50.0
6.6	37.0	63.0
6.4	26.0	74.0
6.2	18.0	82.0
6.0	12.0	88.0

表头说明：Na_2HPO_4 1/15 mol/L (9.41 g/L·H_2O)，KH_2PO_4 1/15 mol/L (9.08 g/L·H_2O)

11. Hank's 溶液

原液甲

氯化钠（NaCl）	80 g
氯化钾（KCl）	4 g
硫酸镁（MgSO₄·7H₂O）	1 g
氯化镁（MgCl₂·6H₂O）	1 g
氯化钙（CaCl₂）	0.714 g

将氯化钙溶于 50 mL 双蒸水中，其他溶于 100 mL 三蒸水中，两液混合，加三蒸水至 500 mL 加氯仿保存于 4 ℃冰箱。

原液乙

磷酸氢二钠（Na₂HPO₄·12 H₂O）	1.52 g
磷酸二氢钾（KH₂PO₄）	0.6 g
葡萄糖	10 g
0.4% 酚红液	50 mL

依次溶于 400 mL 三蒸水中，加入酚红液，加三蒸水至 500 mL，加入氯仿保存于 4 ℃冰箱。

使用液：取原液甲 25 mL，原液乙 25 mL，加入已预先灭菌的三蒸水至 500 mL，分别装入盐水瓶中，以 9 磅高压蒸汽灭菌 10 min，冷却后，置 4 ℃冰箱中保存，使用前以 3.5% 的 $NaHCO_3$ 调 pH 值。

0.4% 酚红液：称取 0.4 g 酚红置于缸中研碎，逐渐加入 0.1 N NaOH 并不断研磨，直到所有的颗粒几乎完全溶解，使 0.1 N NaOH 液的最终量为 11.28 mL，然后倒入容量瓶中,并加入三蒸水至 100 mL,棕色瓶保存备用。

3.5%碳酸氢钠:称取碳酸氢钠 3.5 g,加三蒸水至 100 mL,倒入盐水瓶中,以 9 磅高压蒸汽灭菌 10 min 高压蒸汽灭菌,保存于 4 ℃冰箱中。

12. 秋水仙素溶液

秋水仙素($C_{22}H_{25}NO_6$)   1 mg

0.85%盐水   100 mL

用有色瓶分装,保存于 4 ℃冰箱中,使用时每毫升培养物中加 0.08 mL,即成。每毫升培养液中含秋水仙素 0.8 μg。

13. 肝素溶液

称取肝素 1 g 加无菌 0.85%盐水 2.5 mL,从中再取 0.1 mL,加无菌生理盐水 9.9 mL,即成 0.4%的肝素溶液,保存于 4 ℃冰箱的冰格内,使用时每 10 mL 全血中加 0.5 mL左右。

14. 植物血球凝血素(PHA)溶液

PHA 是从菜豆种子中提取的一种刺激淋巴细胞进行有丝分裂的物质,一般从广东出产的鸡子豆(红皮)中提取。我们采取如下两种提取方法效果都很好。

甲方法:称取洗净干燥的鸡子豆种子 100 g,用磨粉机碎后浸入 120 mL 0.85%盐水中,置于 4 ℃冰箱中 24 h,并间断搅拌加入 280 mL 0.85%盐水,继续置 4 ℃冰箱中 24 h,间断搅拌,在 0~4 ℃室温中以 2 500~4 000 r/min 离心 15~30 min 后取上层液,每100 mL加纯乙醇 40 mL 搅拌,以 1 800~2 000 r/min 离心 20 min,取上层液,每 100 mL 加入 170 mL 含 10%的乙醚乙醇搅拌后以 1 800~2 000 r/min 离心 20 min,取出上层液,将乳白色沉淀物在无菌条件下移入真空干燥器中,用真空泵抽成真空后,干燥,无菌分装,保存于 4 ℃冰箱中。使用时可用 0.85%的盐水配成 2%溶液。

乙方法:称取豆粉 20 g,加入 0.85%NaCl 溶液 400 mL,置 4 ℃冰箱浸泡 72 h 左右(每天搅拌 1~2 次),以 3 000 r/min 离心 30 min,取上清液,经 G_6 玻璃除菌后,保存于 4 ℃冰箱冰格备用,使用时每 5 mL 培养基加 0.2 mL。

15. 外周血细胞培养液

5%水解乳蛋白 Hank's 液或 RPMI1640 液或 TC 199 液   80 mL

小牛血清   20 mL

2%PHA 溶液或 PHA 粗提液   5 mL

双抗   0.2 mL

充分混合,并用 3.5%$NaHCO_3$ 调 pH 值至 7.2,用 20 mL 培养瓶分装,每瓶 5 mL,置4 ℃冰箱保存。

16. 骨髓及其他悬浮细胞培养液

RPMI 1640 液   80 mL

小牛血清   20 mL

双抗   0.2 mL

充分混合,并用 3.5%$NaHCO_3$ 调 pH 值至 7.3±,置 4 ℃冰箱保存。

17. 单层细胞培养液

5%水解乳蛋白 Hank's 液或 RPMI 1640 液或 199 液	80 mL
小牛血清	20 mL
双抗	0.5 mL

充分混合,用3.5% $NaHCO_3$ 调 pH 值至7.3±,置4 ℃冰箱保存。

18. 0.1 mM PMSF(苯甲基磺酰氟)

预先配制成50 mM PMSF贮液(0.87 g PMSF溶于100 mL的异丙醇或95%乙醇),临用时按稀释比例加入贮液。

注意:PMSF严重损害呼吸道黏膜、眼睛及皮肤,吸入、吞进或通过皮肤吸收后有致命危险。PMSF在水溶液中不稳定。应在使用前从贮存液中现用现加于裂解缓冲液中。

19. BUdR 溶液

用1/10 000的分析天平,称取 BUdR 粉末 2 mg,置干净无菌的青霉素瓶中,无菌操作加入无菌生理盐水 4 mL(其浓度为 0.5 g/L)用黑布包裹,置4 ℃冰箱保存备用。

20. 50% PEG(聚乙二醇)使用液

称取分子量为1 540的PEG,沸水加热溶解,加入37 ℃预温的无血清 RPMI1640 培养液,制成含50% PEG,并含5%二甲基亚砜的 PEG 使用液,调 pH 值至7.2 后,置37 ℃水浴中备用。

21. 硫堇染液

硫堇原液:取 1 g 硫堇溶于 100 mL 50%的乙醇中,充分溶解后用滤纸过滤,保存备用。

缓冲液:醋酸钠9.714 g,巴双妥钠14.714 g,加蒸馏水至500 mL即成。

工作液:取以上配好的缓冲液 28 mL 和 0.1N NHCl32 mL 与硫堇原液 40 mL 混合即成。此液置室温保存数月对 X 染色质的染色效果仍然优良。

22. PBS 缓冲液(pH 值7.4)

NaCl	8 g
KCl	0.2 g
Na_2HPO_4	1.44 g
KH_2PO_4	0.24 g

加水定容至 1 L,高压蒸汽灭菌 20 min,室温保存。

23. 0.5 mol/L EDTA(pH 值8.0)

EDTA-Na_2	18.6 g
NaOH	2 g

溶于 70 mL 双蒸水中,加热搅拌溶解后,用 10 mol/L(10N) NaOH 调 pH 值至8.0,加水定容至 100 mL,高压蒸汽灭菌 20 min。

注:EDTA-Na_2需在 pH 值接近8.0 时,才能完全溶解。

24. STE 缓冲液(pH 值8.0)

Tris-HCl(pH 值8.0)	10 mmol/L
EDTA (pH 值8.0)	1 mmol/L
NaCl	100 mmol/L

25. TE 缓冲液(pH 值 8.0)

Tris-HCl(pH 值 8.0)	10 mmol/L
EDTA　　(pH 值 8.0)	1 mmol/L
26. Tris-HCl(pH 值 7.5)	50 mmol/L
EDTA	5 mmol/L
NaCl	50 mmol/L
SDS	0.5%
NaCl	150 mmol/L
Tween20	0.5%

27. 10% SDS

取 SDS 10 g,加 70 mL 双蒸水于 60 ℃溶解,加水定容至 100 mL。

注:SDS 粉末容易扩散,称量时要戴口罩。

28. 瑞氏原液

瑞氏染料	2.5 g
无水甲醇	1 000 mL

37 ℃温箱过液(约 16 h),然后置室温成熟 7d,过滤后使用。

29. 银染液

(1)固定液

无水乙醇	50 mL
冰乙酸	2.5 mL

用双蒸水定容至 500 mL。

(2)染色液

硝酸银	1 g

用双蒸水定容至 500 mL,置棕色瓶内避光保存。

(3)显色液

氢氧化钠	7.5 g
甲醛(37%)	5.5 mL

用双蒸水定容至 500 mL。

注:应先将无水碳酸钠完全溶于约 300 mL 水中,再加入甲醛后定容使用。

30. 溴化乙啶

在 100 mL 双蒸水中加入 1 g 溴乙啶,磁力搅拌数小时以确保其完全溶解,然后置棕色瓶中保存。

注:溴乙啶(EB)是一种强诱变剂,可致癌,必须小心操作。

31. 0.17 mol/L 氯化钠液

氯化钠	4.967 g
蒸馏水	500 mL

32. 0.17 mol/L 氯化铵液

氯化铵	4.574 g

| 蒸馏水 | 500 mL |

33. 0.32 mol/L 葡萄糖液

| 葡萄糖 | 28.83 g |
| 蒸馏水 | 500 mL |

34. 0.32 mol/L 甘油液

| 甘油[$C_3H_3(OH)_4$ 1.25 g/L] | 11.7 mL |
| 蒸馏水 | 500 mL |

35. 0.32 mol/L 乙醇液

| 无水乙醇 | 9.33 mL |
| 蒸馏水 | 500 mL |

36. 2×蔗糖 Triton

蔗糖	219 g
Tris	2.42 g
氯化镁	2.04 g
Triton	20 mL

加水至 1 000 mL,用 10% NaOH 调 pH 值至 8±。

37. EDTA-Na$_2$

| NaCl | 0.438 g |
| EDTA-Na$_2$ | 0.89 g |

加水至 100 mL

用 10% NaOH 调 pH 值至 8±。

38. 3 mol/L NaCl

| 氯化钠 | 87.66 g |
| 蒸馏水 | 500 mL |

39. 40% 聚丙烯酰胺

| 丙烯酰胺 | 76 g |
| 甲叉双丙烯酰胺 | 4 g |

加蒸馏水至 200 mL。

40. 5×TBE

Tris	27 g
硼酸	13.75 g
0.5 mol EDTA	10 mL

加蒸馏水至 500 mL。

41. 0.5 mol EDTA

| EDTA-Na$_2$ | 186.1 g |
| H$_2$O | 1000 mL |

用 10% NaOH 调 pH 值至 8±。

三、化学试剂的分级和保存方法

（一）一般化学试剂的分级

标准和用途	一级试剂	二级试剂	三级试剂	四级试剂	生物试剂
我国标准	保证试剂 G. R. 绿色标签	分析纯 A. R. 红色标签	化学纯 C. P. 蓝色标签	实验试剂 化学用 L. R.	B. R. 或 C. R.
国外标准	A. R. G. R. A. C. S. P. A. X. ч.	C. P. P. U. S. S. Puyiss. ч. Л. A.	L. R. E. P. ч.	P. Pure.	
用　途	纯度最高,杂质含量最少的试剂。适宜用于最精确分析及研究工作	纯度较高,杂质含量较低。适用于精确的微量分析工作,为分析实验室广泛使用	质量略低于二级试剂,适用于一般的微量分析实验,包括要求不高的工业分析和快速分析	纯度较低,但高于工业用的试剂,适用于一般定性检验	根据说明使用

（二）易变质及需要特殊方法保存的试剂

注意事项	试剂名称	举例
需要密封	易潮解吸湿	氧化钙、氢氧化钠、氢氧化钾、碘化钾、三氯乙酸
	易失水风化	结晶硫酸钠、硫酸亚铁、含水磷酸氢二钠、硫代硫酸
	易挥发	氨水、氯仿、醚、碘、麝香酚、甲醛、乙醇
	易吸收 CO_2	丙酮、氢氧化钾、氢氧化钠
	易氧化	硫酸亚铁、醚、醛类、酚、抗坏血酸和一切还原剂
	易变质	丙酮酸钠、乙醚和许多生物制品(常需冷藏)
需要避光	见光变色	硝酸银(变黑)、酚(变淡红)、氯仿(产生光气)、茚三酮(变淡红)
	见光分解	过氧化氢、氯仿、漂白粉、氰氢酸
	见光氧化	乙醚、醛类、亚铁盐和一切还原剂
特殊方法保管	易爆炸	苦味酸、硝酸盐类、过氯酸、叠氮化钠
	剧　毒	氰化钾(钠)汞、砷化物、溴
	易　燃	乙醚、甲醇、乙醇、丙醇、苯、甲苯、二甲苯、汽油
	腐　蚀	强酸、强碱

四、一些常用单位

(一)长度单位

名称	缩写	换算方法							
米	m	1	10^{-1}	10^{-2}	10^{-3}	10^{-6}	10^{-9}	10^{-10}	10^{-12}
分米	dm	10	1	10^{-1}	10^{-2}	10^{-5}	10^{-8}	10^{-9}	10^{-11}
厘米	cm	10^{2}	10	1	10^{-1}	10^{-4}	10^{-7}	10^{-8}	10^{-10}
毫米	mm	10^{3}	10^{2}	10	1	10^{-3}	10^{-6}	10^{-7}	10^{-9}
微米	μm	10^{6}	10^{5}	10^{4}	10^{3}	1	10^{-3}	10^{-4}	10^{-6}
纳米	nm	10^{9}	10^{8}	10^{7}	10^{6}	10^{3}	1	10^{-1}	10^{-3}
埃	Å	10^{10}	10^{9}	10^{8}	10^{7}	10^{4}	10	1	10^{-2}
微微米	pm	10^{12}	10^{11}	10^{10}	10^{9}	10^{6}	10^{3}	10^{2}	1

(二)体积单位

名称	缩写	换算方法				
升	L	1	10^{-1}	10^{-2}	0^{-3}	10^{-6}
分升	dL	10	1	10^{-1}	0^{-2}	10^{-5}
厘升	cL	10^{2}	10	1	10^{-1}	0^{-4}
毫升	mL	10^{3}	10^{2}	10	1	10^{-3}
微升	μL	10^{6}	10^{5}	10^{4}	10^{3}	1

（三）重量单位

名称	缩写	换算方法						
千克（公斤）	kg	1	10^{-3}	10^{-4}	10^{-5}	10^{-6}	10^{-9}	10^{-15}
克	g	10^{3}	1	10^{-1}	10^{-2}	10^{-3}	10^{-6}	10^{-12}
公克	dg	10^{4}	10	1	10^{-1}	10^{-2}	10^{-5}	10^{-11}
厘克	cg	10^{5}	10^{2}	10	1	10^{-1}	10^{-4}	10^{-10}
毫克	mg	10^{6}	10^{3}	10^{2}	10	1	10^{-3}	10^{-9}
微克	μg	10^{9}	10^{6}	10^{5}	10^{4}	10^{3}	1	10^{-6}
微微克	pg	10^{15}	10^{12}	10^{11}	10^{10}	10^{9}	10^{6}	1

（四）摩［尔］数与摩［尔］浓度表示法

名称			浓度单位	
摩［尔］	mole	mol	M	1 M
毫摩［尔］	millimole	nmol	mM	$\times 10^{-3}$ M
微摩［尔］	micromole	μmol	μM	$\times 10^{-6}$ M
毫微摩［尔］	manomole	nmol	nM	$\times 10^{-9}$ M
微微［尔］	picromole	pmol	pM	$\times 10^{-12}$ M

（五）十进位数量记号头及符号

词头	符号	系数	词头	符号	系数
atto-渺	a	$\times 10^{-18}$	deca-十	da	$\times 10$
femto-尘	f	$\times 10^{-15}$	hecto-百	h	$\times 10^{2}$
pico-沙	p	$\times 10^{-12}$	kito-千	k	$\times 10^{3}$
mano-纤（毫微）	n	$\times 10^{-9}$	mega-兆	M	$\times 10^{6}$
micro-微	μ	$\times 10^{-6}$	giga-京	G	$\times 10^{9}$
milli-毫	m	$\times 10^{-3}$	tera-垓	T	$\times 10^{12}$
centi-厘	c	$\times 10^{-2}$	peta—秭	P	$\times 10^{-15}$
deci-分	d	$\times 10^{-1}$	exa—穰	E	$\times 10^{-18}$

例如：米(m)为国际单位制的基本单位

∴ cm = 10^{-2} 米 = 厘米。

mm = 10^{-3} 米 = 毫米。

μm = 10^{-6} 米 = 微米。

(六)放射性测量单位

单位	定义	与其他单位的关系
拉得(rad)	100 尔格/克(电离辐射传给单位质量的能量)	0.87rad = r
伦琴(r)	在 0 摄氏度,760 毫米汞柱气压的 1 立方厘米空气中造成 1 静电单位(3.3364×10^{-10} 库仑)正负离子的辐射强度,一般来衡量 X 射线与 γ 射线的强度。	1 伦琴单位 = 2.58×10^{-4} 库仑/千克
居里(c)	每秒放射性核衰变 3.7×0^{10} 个原子的量	C = 10^6 μc
毫居里(mc)	千分之一居里	mc = 10^{-3} c mc = 10^3 μc
微居里(μc)	百万分之一居里每秒衰变 3.7×10^4 次 (每秒衰变 2.2×10^6)	μc = 10^{-6} c μc = 10^{-3} mc
每分钟衰变数(dpm)	每分钟衰变的原子数	2.2×10^6 dpm = 1 μc
每分钟计数(cpm)	测量仪测出每分钟 β 粒子数	Cpm = dpm×计数器效率

五、核酸、蛋白质换算数据

(一)重量换算

1 μg = 10^{-6} g

1 pg = 10^{-12} g

1 ng = 10^{-9} g

1 fg = 10^{-15} g

(二)分光光度换算:

1A(260nm)双链 DNA = 50 μg/mL

1A(260nm)单链 DNA = 30 μg/mL

1A(260nm)单链 RNA = 40 μg/mL

(三)DNA 摩尔换算

1 μg 100 bp DNA = 1.52 pmol = 3.03 pmol 末端

1 μg pBR322 DNA = 0.36 pmol

1 pmol 1000 bp DNA = 0.66 μg

1 pmol pBR322 = 2.8 μg

1 kb 双链 DNA(钠盐) = 6.6×10^5 道尔顿

1 kb 单链 DNA(钠盐) = 3.3×10^5 道尔顿

1 kb 单链 RNA(钠盐) = 3.4×10^5 道尔顿

(四)蛋白摩尔换算:

100 pmol 分子量 100 000 蛋白质 = 10 μg

100 pmol 分子量 50 000 蛋白质 = 5 μg

100 pmol 分子量 10 000 蛋白质 = 1 μg

氨基酸的平均分子量 = 126.7 道尔顿

(五)蛋白质/DNA 换算:

1 kb DNA = 333 个氨基酸编码容量 = 3.7×10^4 MW 蛋白质

10 000MW 蛋白质 = 270 bp DNA

30 000MW 蛋白质 = 810 bp DNA

50 000MW 蛋白质 = 1.35 kb DNA

100 000MW 蛋白质 = 2.7 kb DNA

六、希腊字母表

	大写	小写	英文注音	国际音标注音	中文注音	意义
1	A	α	alpha	/ælfə/	阿尔法	角度;系数
2	B	β	beta	/biːtə/或/bertə/	贝塔	磁通系数;角度;系数
3	Γ	γ	gamma	/gæmə/	伽马	电导系数(小写)
4	Δ	δ	delta	/deltə/	德尔塔	变动;密度;屈光度
5	E	ε	epsilon	/epsɪlon/	伊普西龙	对数之基数
6	Z	ζ	zeta	/ziːtə/	截塔系数	方位角;阻抗;相对黏度原子序数
7	H	η	eta	/iːtə/	艾塔	磁滞系数;效率(小写)
8	Θ	θ	thet	/θiːtə/	西塔	温度;相位角
9	I	ι	iot	/aɪəutə/	约塔	微小,一点儿
10	K	κ	kappa	/kæpə/	卡帕	介质常数
11	Λ	λ	lambda	/læmdə/	兰布达	波长(小写);体积

续表

	大写	小写	英文注音	国际音标注音	中文注音	意义
12	M	μ	mu	/mjuː/	缪	磁导系数;微(千分之一);放大因数(小写)
13	N	ν	nu	/njuː/	纽	磁阻系数
14	Ξ	ξ	xi	希腊/ksi/ 英美/ˌzaɪ/或/ˈsaɪ/	克西	
15	O	o	omicron	/əuˈmaikrən/ 或/ˈɒmɪˌkron/	奥密克戎	
16	Π	π	pi	/paɪ/	派	圆周率 = 圆周 ÷ 直径 = 3.141592653589793
17	P	ρ	rho	/rəu/	肉	电阻系数(小写)
18	Σ	σ	sigma	/ˈsɪgmə/	西格马	总和(大写),表面密度;跨导(小写)
19	T	τ	tau	/tɔː/或/tau/	套	时间常数
20	Υ	υ	upsilon	/ˈipsɪlon/ 或/ˌʌpsɪlon/	宇普西龙	位移
21	Φ	φ	phi	/faɪ/	佛爱	磁通;角
22	X	χ	chi	/kaɪ/	西	
23	Ψ	ψ	psi	/psaɪ/	普西	角速;介质电通量(静电力线);角
24	Ω	ω	omega	/ˈəumɪgə/ 或/ouˈmegə/	欧米伽	欧姆(大写)角速(小写);角

(陈　辉)